95歳、最強ばあちゃんの「ありのまま」暮らし

元気に長生きする「考え方」と「習慣」

著　最強ばあちゃん ちよ ＋ ひ孫 ゆい

主婦と生活社

95歳で自給自足。料理も畑仕事も元気にこなす。

and 玄孫（やしゃご）が4人。

だから

最強ばあちゃん!!

最強ばあちゃん プロフィール

生年月日、住んでいるところ

1928年12月27日生まれ。
茨城県在住。茨城大好きだな、茨城県最高だ

家族構成

子ども5人、孫7人、ひ孫5人、玄孫4人の5世代家族

趣味　　畑。ほかにねぇべ

好きな食べ物

好き嫌いがねえから、いっぱいあってどれ言っていいかわかんねぇ

好きな色　　藤色

得意料理

天ぷらとコロッケ。昔は柏饅頭、お餅なんか作ったけど、最近は手のかかるやつはやんねえなぁ。旦那は手打ちうどんが好きだったなぁ

好きな歌手

三山ひろし。2回会ったことがある。あと、福田こうへい

好きな芸能人　　志村けん、萩本欽一、コロッケ

特技　　畑仕事

を育てています！

『最強ばあちゃんときどき玄孫』

93歳で始めたYouTubeの動画が知らず知らずのうちに大人気。いくつになっても元気に畑仕事や料理をこなす、ばあちゃんの日常と、ときどき顔を出す玄孫たちとのやりとりが好評を得て、登録者数を増やしています。今日も元気なばあちゃんが動画で見られます！

ときどき、孫のあつしも手伝うけれど

500坪の畑で、野菜

子ども5人、孫7人、ひ孫5人、玄孫4人の大家族！

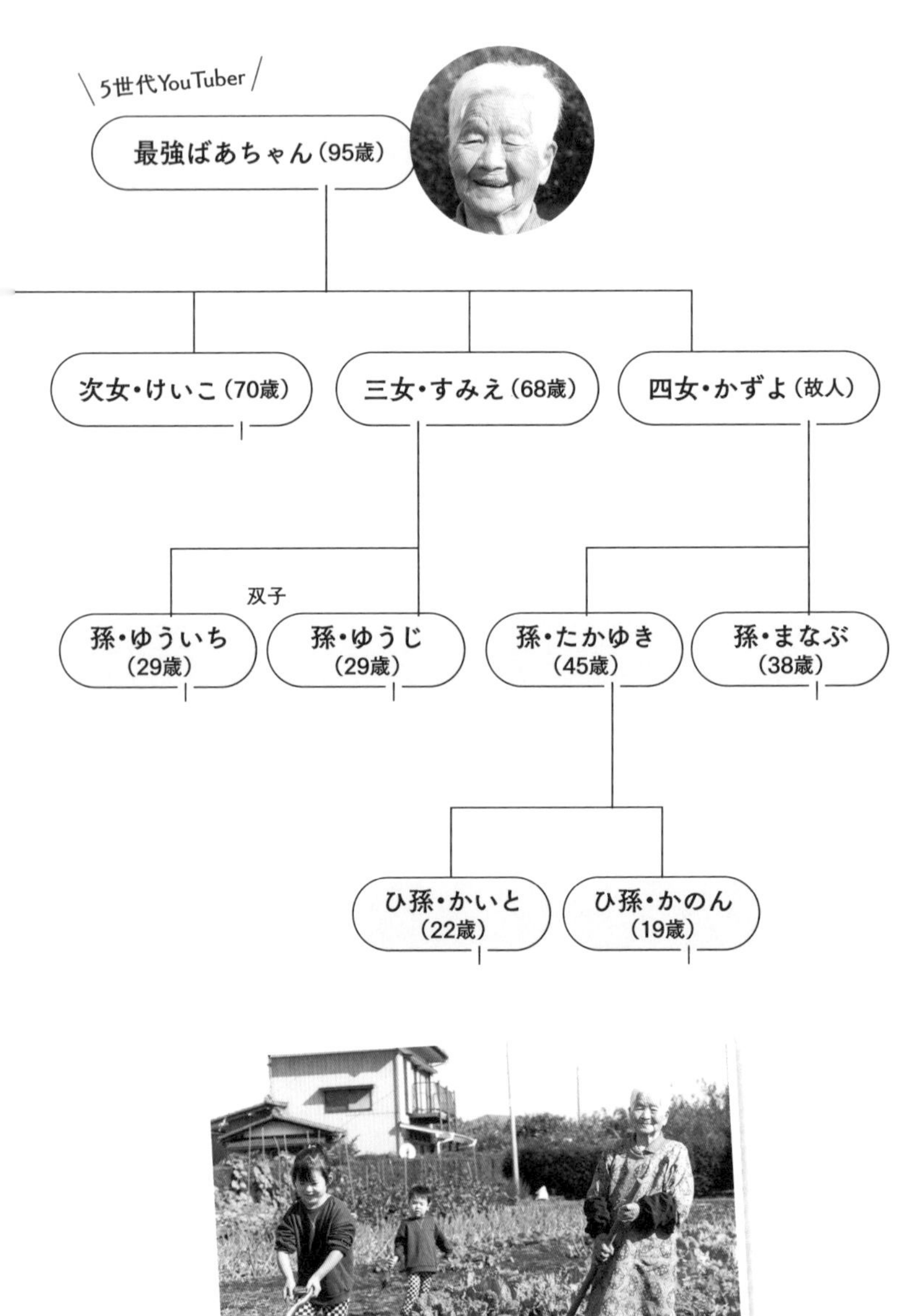

YouTubeを管理、運営しているひ孫のゆいさんをはじめ、5世代にわたる大家族が「最強」たる所以のひとつ。ときどき動画に出演する玄孫のるかちゃん、れおくんとばあちゃんとのやりとりは視聴者を癒しています。

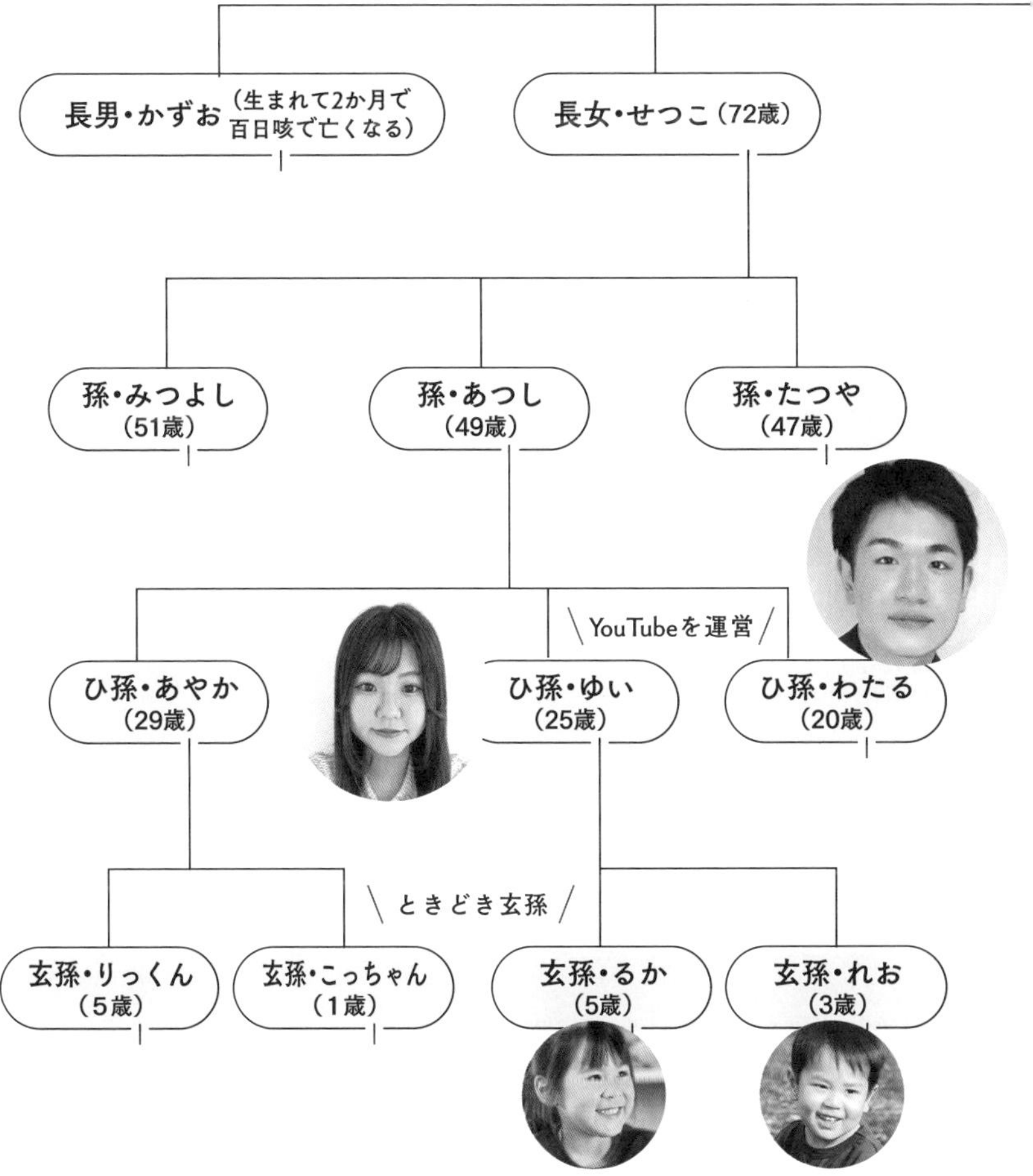

※本文中に出てくる年齢は2024年2月16日時点のものです。
上記の家系図には配偶者は含んでいません。

はじめに

最強ばあちゃん・ちよ

こんにちは。YouTubeチャンネル『最強ばあちゃんときどき玄孫』に出演しています。千代（ちよ）と申します。

この度は書籍を手にとっていただき、ありがとうございます。

私がテレビ（YouTube）に出るようになったのは、ひ孫のゆいのアイデアです。最初は、内容がわからないので、「そうかい」って別に何とも思いませんでした。

それであとになって見せてもらって、まさか自分がテレビに映ると思わないからびっくりしました。何とも言えねえけど、嬉しかったですね。

撮影はゆいが電話（スマホ）でしてくれているみたい。それで日本や世界中の人が見ることができるんだから、人間のアタマってすごいんだなって感心します。私のこと知らない人が見て何が面白いんだか（笑）わかんねえけど、ありがたい話です。

見ている人からの感想をひ孫たちから聞いたことがあります。「元気になる」って言われると、こっちも元気になります。近所の人にも「YouTube、見たよ！　おばあちゃん、すごいね〜」なんて言われました。

YouTubeを始めて私の中で変わったことは、なんとなくですが気持ちが明るくなったと思います。撮影することも、見た人の反応などいろいろ楽しみも増えました。

これから先もYouTubeのことはゆいに任せるだけ。私からああしたいこうしたいってありません。家族みんなで楽しく続けられたらいいなぁ。

YouTube登録者の皆様へ。

感謝、感謝、私みてえなばあさんを見てくれてありがとう。

あと、YouTubeをきっかけに私のことを書いた本が出るって聞いてまたびっくりです。

楽しみ、100倍！

喜んでもらえると嬉しいです。

はじめに

ひ孫・ゆい

はじめまして。YouTubeチャンネル『最強ばあちゃんときどき玄孫』を運営している、唯（ゆい）です。私のひいばあちゃんの日常を紹介している動画ですが、お陰様で多くの方に見ていただけるチャンネルに成長しました。いつも応援していただき、ありがとうございます。皆様のお陰で、YouTube活動を頑張ることができています。

視聴者の方から、「なぜ、〝最強〟ばあちゃんなの？」と聞かれることがありますが、いつも同じ答えを返しています。

「どう考えても最強だからです！（笑）」

答えになっていないように思いますが、ばあちゃんのそばにいて、いつも思うんです。95歳を迎えても、畑仕事もして自立して暮らしていて、記憶力もすごい。何でも自分でできるし、我慢強くて、物を大切にし、料理がとても上手。

どう考えても〝最強〟です。

とくに尊敬しているところは、この歳になっても料理作りに手を抜くことがないところです。健康に配慮したバランスの良い献立はもちろんのこと、料理一品一品の彩りのバランスもこだわって食事の支度をします。私も子を持つ母親として見習いたいお手本です。

私がYouTubeを始めた理由は、いくつかあります。そのひとつは私の子ども（るか、れお）たちをはじめ、ばあちゃんの玄孫たちのことがきっかけです。まだ幼い彼らに、「こんなに素敵な高祖母がいたことを忘れないでほしい」という思いがありました。

もうひとつは、やっぱり、「元気に畑や料理をして、自立して暮らすばあちゃんの姿を多くの方に見てもらいたい」という思いがあり、ホームビデオ感覚で始めました。

番組は台本も演出もなし、ばあちゃんの日常を切り取るように、その自然体を撮影して公開しています。お気に入りの動画はたくさんあって選べません。

初めから順に見ていくと、玄孫の成長が見られ、ばあちゃんがみんなから愛される理由や、長生きの秘訣がどんどん見えてきます。それは意図しなかったこと。続けてみて、そういう楽しみ方があるんだなと気づきました。視聴者の方もそういう見方をしてくれる人がいて、なかには「2週間で一気に見終わった」という方もいました。

YouTubeチャンネルを開設して2年が過ぎ、チャンネル登録者は9万人以上、総再生回数は5000万回を超えました（2024年1月現在）。はじめは、こんなに多くの人に見てもらえると思っていませんでした。今ではたくさんの人が楽しんでくれていることが、とても嬉しいです。コメント欄にも応援の声をたくさんいただいています。これからも、私たちの日常を嘘偽りなく映し出すことを心がけていきたいと思っています。

身近な点でも、YouTubeを始めて良かったなと思うことがあります。

遠くに住んでいる親戚とはあまり会うことができませんが、YouTubeを通じて「ばあちゃんの様子が確認できて嬉しい」と連絡がありました。こういうメリットもあるんだと思い、あらためてYouTubeのすごさを感じています。また、近所の人や私の友達にも「いつも見てるよ〜」と言ってもらって、毎回嬉しく思います。

これからもばあちゃんの負担にならない程度に撮影をして、ばあちゃんとの日常を残していきたいと思います。ばあちゃんと玄孫たちの成長を一緒に見守っていただき、ばあちゃんの姿を見て、一人でも多くの方が元気になってもらえることを願っています。これからもぜひ、『最強ばあちゃんときどき玄孫』をお楽しみいただけると幸いです。

今回、さらに嬉しいことに『最強ばあちゃんときどき玄孫』が書籍になることになりました。この話をもらったときは本当にびっくりしました。すぐに家族のLINEグループで報告したところ、家族も大喜びでした。

この本には、ありのままのばあちゃんの姿を記しています。等身大のばあちゃんです。ばあちゃんの考え方や習慣を、読者の皆様に知ってもらえると嬉しいです。

最後にばあちゃんへ
ばあちゃんには、もっともっと家族を頼ってほしいし、もっともっと長生きしてほしいです。今日も元気に生きてくれてありがとう!

95歳、最強ばあちゃんの「ありのまま」暮らし

もくじ

2章　どうしようもねぇもんはどうしようもねぇ、人生Q&A【PART1】

3章　今日も明日も畑仕事　95歳、元気の秘訣

4章　5世代YouTuberの大家族

95歳、最強ばあちゃんの「ありのまま」暮らし　もくじ

【四コママンガ】
ばあちゃんと玄孫の日々是好日

95歳、最強ばあちゃんの「ありのまま」暮らし もくじ

『最強ばあちゃんときどき玄孫』
チャンネル登録&フォローをお願いします！

YouTube

Instagram

TikTok

TikTok（るかれお）

STAFF

デザイン　清水 肇
撮影　海保竜平
マンガ・イラスト　藤井昌子
取材・執筆　内山賢一
DTP　天龍社（高本和希）
校正　滄流社
協力　㈱BitStar（下﨑綾香）
編集担当　飯田祐士

Special Thanks
ひ孫・わたる

1

最強ばあちゃんの「これまで」と「これから」

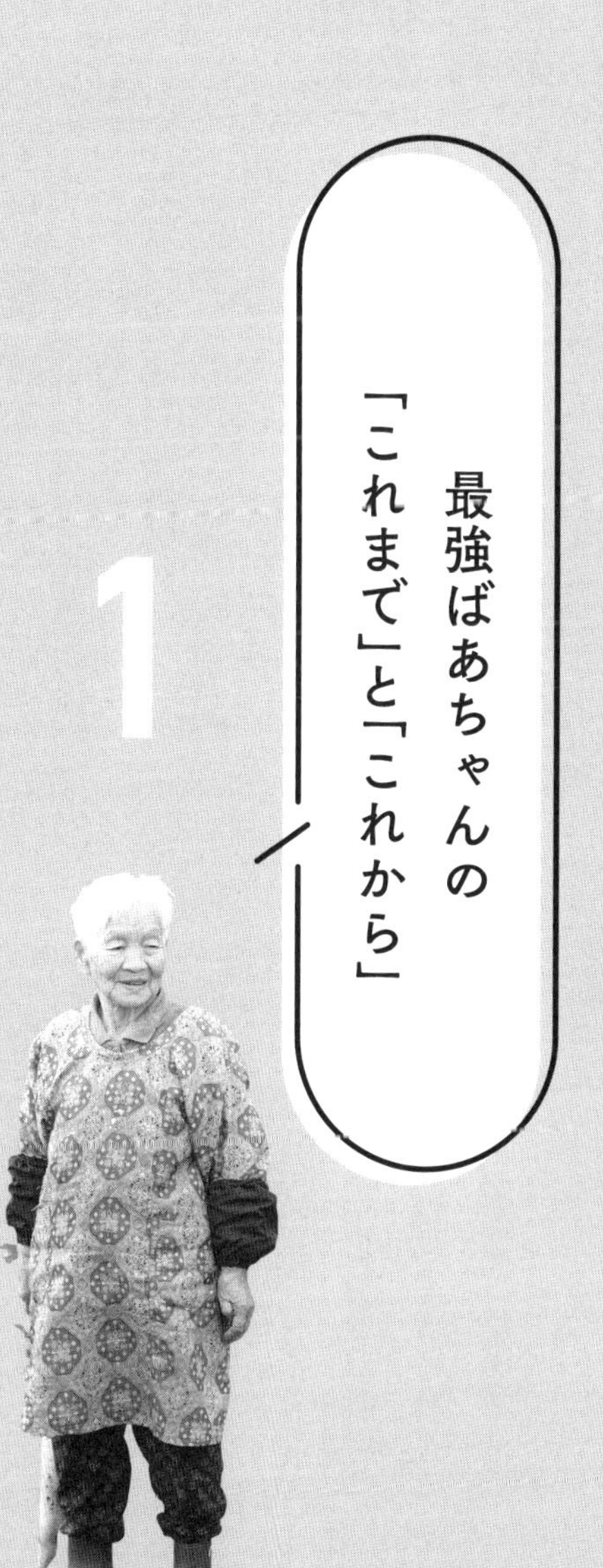

茨城で生まれた普通の子？

YouTube『最強ばあちゃんときどき玄孫』を運営している、ゆいです。この章では、私が尊敬する「最強ばあちゃん」のことを皆さんに紹介したいと思います。私からばあちゃんにいろいろと聞いてみました。ばあちゃんのことは、これまでに話を聞いたりしてよく知っているつもりでしたが、初めて知ることもあって私自身良い機会になりました。

ばあちゃんは私の父（あつし）の母（せつこ）の母です。私にとっては曾祖母、ばあちゃんにとって私はひ孫になります。だから本当は「ひいばあちゃん」なのですが、親戚みんな「ばあちゃん」と呼んでいます。だからここでも、ばあちゃんと呼ぶようにします。

では、ばあちゃんの自己紹介から始めましょう。

「名前は千代。生年月日は昭和3（1928）年12月27日で現在95歳。干支は辰年で、血液型はB型、星座は山羊座だったかな」

千代という名前ですが、『君が代』の歌詞にも出てくる言葉です。意味は千年とか非常に長い年月のことらしいのですが、ばあちゃんに名前の由来を聞いてみたら、

「知らねぇな、そんなことぉ」

と言われました。なので、それ以上のことはわかりません。

「生まれたのは下伊勢（茨城県の旧伊勢畑村。現在の常陸大宮市）で、家は農家だった。9人兄弟の3番目で生まれて、兄弟は、上から男・女・私（ばあちゃん）・男・男・女・男・女・女」

ばあちゃんの父親は胃がんで亡くなったらしいのですが、享年は「いつだっけかなぁ、わかんねぇな。せつこ（長女）が小学校1年生ぐれえのときかな」と記憶は曖昧のようです。母親は体があまり丈夫じゃなかったとのこと。穏や

かな優しい性格のようで、怒られたことがなかったそうです。

ばあちゃんはどんな子どもだった?

「わかんねえ、普通だな。縄跳びとか足けりして遊んでたな」

どこにでもいる普通の子、そんな意味だと思います。とくに目立った子ではなかったみたいです。足けりって「ケン・ケン・パッ」ってジャンプする遊びで、今でも小さい子がやっていますよね。

小学校を卒業して東京の会社に就職

伊勢畑村のばあちゃんの家は貧乏暮らしだったそうですが、健やかに育ったと言います。

「入学したのは下伊勢畑小学校。仲の良い友達は女15人くらい、男は10人くらいいたなぁ。名前もだいたい覚えてるよ。男ならコトヨシ、ツトム。ツトムは学校の先生になったよ。女ならシゲ、ハナ、セツ、ミエコ。ミエコは2人いて一人は村長の娘だ。あとキシ、テルコ、ミチエ、マキ、シズエ。シズエは食堂をやってて（今から）2、3年前に亡くなったなぁ」

ばあちゃん、お友達のことはフルネームでしっかり覚えていました。すごい記憶力！　さすが、最強ばあちゃん。

この中で印象に残っている人はいる？

「特別いねえよ。あの頃は好きだ、嫌いだってなかったからなぁ。

あと覚えているのは、小学校が茅葺き屋根の校舎だったなぁ。雨漏りもなかった。教室は3つあって、1、2年生、3、4年生、5、6年生が同じ教室で授業を受けていた。

学力？　中ぐれえだぁ。得意な教科は図工、習字、裁縫で、理科と歴史は苦手だったな」

ばあちゃんの子どもの頃は昭和初めの戦前の時代、今と学校の制度が違っていて、ばあちゃんの話によると、当時は中学2年生まで行けばよかったらしいです。

（編集部注：当時の義務教育は小学校の6年間。小学校卒業後の進学先にはさまざまあり、2年制の小学校高等科もそのひとつで現在の中学校に相当。おばあちゃんの住んでいた下伊勢地域には高等科の小学校があったと聞きました）

「（高等科を）卒業したら、実家の農業を少しの間手伝って、そのあと東京の鉄道会社の働き先を見つけてな。上京したんだ。（太平洋）戦争が始まった頃かなぁ」

ばあちゃんが、うら若き10代後半の頃のお話です。

「就職したのは今の東急大井町線（を運営する鉄道会社。現在は東急電鉄）。

そこで駅員として働いてたんだ。私がいたのは自由が丘駅で、たまにその隣の九品仏駅もあったよ」

終戦後はすぐに実家のある茨城に里帰り。写真は結婚して落ち着いた頃のばあちゃん。

どちらも今でもある駅です。いつか、ばあちゃんと一緒に行ってみたい場所のひとつです。ちなみに終戦後はすぐに仕事を辞めて里帰りして、実家の農業を手伝っていたそうです。駅員を続けていればどうなったのでしょうか。

なんで辞めたの？

「アメリカに何されっかわかんねぇって噂を聞いたから、仕事は辞めて帰ってきたんだ」

と言っていました。

子どもの頃のお話に戻ります。今でも覚えているエピソードはある？

「遠足だなぁ。山の中の学校だから、出かけるのもすぐ近くだった。お弁当を持っていって。昔は何にもねえから、味噌おにぎり。焼いたか、焼いてねえかわかんねえけど、いつもそうだった。漬物とかはあったよ。

学校に持ってく弁当は、かつおぶしとか醤油をごはんにかけてふりかけ。そのぐらいしか持ってかねえ。木ではなくて、瀬戸引きみたいな重い弁当箱。

あと運動会もやったなぁ。種目は駆け足（徒競走）とリレー、荒城の月で踊りもやったな。

（編集部注：土井晩翠作詞、滝廉太郎作曲による『荒城の月』の踊りは、現在でも体育祭の演舞として採用している学校は全国に多数あります）

小さな学校だったけど学芸会もあってな。みんなの前でなにか劇をやったのを覚えているよ。
懐かしい話だなぁ」

とにかく貧しく不自由だった戦争時代

昭和16（1941）年12月8日から太平洋戦争が始まりました。終戦は昭和20年（1945）8月15日。昭和3年生まれのばあちゃんにとって、青春時代がまるまる戦時下ということになります。私の世代にとって、太平洋戦争って教科書に載っている少し遠い「歴史」。ばあちゃんから見て、どんな時代だったのでしょうか？　覚えていることはある？

「あの頃は二十歳（はたち）になると男は徴兵検査が義務になっていて、検査を受けると甲・乙・丙・丁・戊って判別されるんだ。甲種が一番健康で丈夫な人。兄は飛行兵になった。旦那は歩兵だったと（戦後に結婚してから）聞いたよ。

戦争中は物がなかったけど、家は前から貧しかったからな。あんまし変わんねぇ。でも、粗食でも体は丈夫になんだよ。

ごはんは麦飯に漬物がほとんどで、秋になるとさんまを売りに来る人がいてな。卵だって、4、5羽くらい野放しで鶏を飼って、卵がたまったらそれを売って収入にしている人がいた。

うちでは卵は高くて高級品。風邪ひいたときに卵を茹でてくれたことを覚えているけど、高熱で調子悪いから食欲がねえのよ。だから食べられなかった（笑）。あの頃は卵焼きも食ったことなかったな」

ばあちゃんは戦争が終わってどんなことを思ったのか、聞いてみました。

「そんなの忘れちったぁ。戦争中はとにかく物が不自由。（勤務先の）寮に入ってるときは、弁当は寮の（管理人の）夫婦が作ってくれんだけど、中身は大豆粕、玄米などの配給が少しずつ入ってるだけ。木製の弁当箱なんだけど、横に傾けると、中身が半分に寄っちゃう（笑）。それぐらい、うっすい中身。（量が）

少なかったんだ」

土地に惚れて嫁いだ新婚生活

戦争が終わったら茨城の実家に帰ってきた、ばあちゃん。成人式の頃のお話です。

「結婚したのは……19か20歳だなぁ。そんぐれえだ（笑）。20歳のときにはもう結婚してたな。農家に嫁いだ。仕事（農業）は別に楽しいってこともねえよ。辛くても我慢して働くしかねえからな」

結婚のいきさつを聞いてみると……。

「旦那の実家と私の実家が近くだったんだぁ。近所だから互いに子どものこと

貴重な旦那とのツーショット写真。ばあちゃん、少し照れているようにも見えます。

は、どっちの大人（親）もよく知ってるわけ。んで、旦那の母親が私の祖母に縁談を持ちかけたんだよ。『お千代さん、もらえるかぁ』ってな。

私の気持ちか？　旦那は一町五反歩（約4500坪）の土地を持っていたんだよ。こっちは貧乏だったからな。土地をもらえるから嫁にいったんだぁ。旦那に惚れてきたんじゃなくて、土地に惚れてきたんだ（笑）。

土地があればきっといいだろうなって思ってたからな。旦那のことは好きともなんとも思わんかった」

ばあちゃんの旦那さん、私にとってひいじいちゃんのお話です。どんな人だったのでしょうか？

「旦那は短気な人で嫉妬深いところがあったな。新婚の頃は酒が飲めるほど暮らしに余裕はなかったけど、土地を売ってだいぶ余裕ができて酒を飲むようになったら、酒癖が悪い人ってわかったんだよ。家ではあんまり褒めるところがねえ人だけど、なんというかなぁ……優しいところもあったんだ。近所の人とかの人助けをずいぶんしてたなぁ。それと開墾をせっせとするぐらい力持ちのところは結構頼りにしてた。

新婚旅行？　そんなん行くわけあんめ。

新婚生活は別にひとつも良くもねえよ。時代が悪かったな。戦後でなにもねえから。生きることに一生懸命でよ。

新婚っていってもほったて小屋から始まる暮らしだったんだよ。近所に大工もいねえし、材木屋もねえからな」

戦後の生きがいとなった5人の子ども

戦後の混乱期に始まった、ばあちゃんの新婚生活。一生懸命に生きて、やがて5人の子宝に恵まれました。構成は上から男・女・女・女・女です。長男は生まれてすぐ百日咳にかかり、亡くなっています。

「子どもは5人。長女が小学校に入学するあたりから、暮らし向きは楽になってきたんだ。長女が小さい頃は、金はないし物はないしで、なんでも不自由。お菓子や飴とかもな、たいしたものを売ってないわけ。この頃になんか買って食べさした覚えがねえな。長女は夏になるときゅうりとなすをよく食ってたよ。農家は自分とこの畑で物を作れるから、これでもまだマシだったけど、あの時代、農家じゃない人はきっと大変だったろうな」

農業しながらの子育ては大変だったみたいだけど、子どもたちの存在はばあちゃんの生きがいでした。

「子どもがいるとな。楽しみが結構あったのよ。小学校へ上がると、父兄会があるだろ。それから運動会や学芸会もある。そういう学校行事や集まりが楽しかった。

それから子どもたちが大きくなって結婚式。成長して立派になった子どもたちを見るのは嬉しいよぉ。健やかに育ってくれて、ありがとうって。

子どもたちの学校の成績？　長女は勉強ができた。ほかの3人はまあまあの成績だった。覚えているのは長女が中学生のときだったかな。学級委員になったと聞いたときは嬉しかったなぁ」

YouTubeに登場している、今、ばあちゃんが住んでいる家の棟上げ式の写真。1962年に建築。

ちなみに、この当時の暮らしを聞くと「普通だった」とそっけない答えだったのですが、それを聞いた長女から、「そんなことないよ。毎日夫婦ゲンカしてたんだから」って、ツッコミが入りました。ばあちゃんにとっては旦那とのケンカも遠い昔の日常になっているのかもしれません。

ばあちゃん、この当時で印象に残っていることは？

「やっとちゃんとした家を建てたことかな。昭和37（1962）年10月。ほったて小屋から新築した家（前ページ写真。現在の住居）に移ったんだ。この頃は持ってた土地を売って、そこそこお金が入ってね。旦那が車の免許を取って、中古車を買ったのもこの頃。三種の神器っていわれた、憧れの冷蔵庫とテレビも我が家にきた。ありがたいことだよ」

我慢、我慢の介護生活。孫も誕生

念願のマイホームを手に入れて、生活は順調だったようです。そして、子どもたちが成人し、結婚していきます。

長女夫婦が、ばあちゃんの家の敷地内でクリーニング事業を始めて、ばあちゃんの暮らしも安定していったそうです。そんなばあちゃんに、大変なことが起きました。旦那さん（私にとってのひいじいちゃん）の介護です。

敷地内で長女夫婦が始めたクリーニング事業を手伝う、ばあちゃん。クリーニング事業は今も続いています。

「旦那が林業の会社に勤めていたときのことだ。ある日の夜、お酒をたくさん飲んで、翌朝二日酔いで『気持ち悪い』って言いながら出社したのよ。

それで仕事場で倒れて、そこから半身不随になったんだ。昭和46（1971）年のこと。それからの介護生活は20年くらいかねぇ。

（旦那が働けなくなっても）暮らしは大

丈夫だったよ。（貸家の）家賃収入もあったし、障害年金もあったから」

でも介護は大変でしょう。どうやって乗り越えたの、ばあちゃん？

「我慢だな」

……の一言。

長女によると、「ケンカふかれたら、ふき返してストレスもたまらなかったんじゃないの」。

（編集部注：旦那さんからいろいろ言われても言い返してケンカしていたから、ストレスがたまらなかったんじゃないの）

「我慢」って言っているけど、相当大変だったと思います。「人生で一番大変だったのが、旦那の介護を20年以上したことだ」と話してくれたことがありました。ひいじいちゃんも、ばあちゃんに介護してもらってよかったんじゃないかな。言いたいことも言えたし。

そして介護生活のなか、初孫（みつよし）が誕生します。昭和47（1972）年のことです。

「（闘病中の）旦那も男が生まれて嬉しかったみたいだ。まあ、良かったたって思ったっぺ、きっと。私もかわいいと思ったよ。子どもは何人いてもいいよな。今では子ども5人、孫7人、ひ孫5人、玄孫4人。これだけ大家族になったことは本当に嬉しいこと。家族が多いと、楽しみや嬉しいことがいっぱいなんだよな。んでも、心配事も同じくらいいっぱいあんだ。しょうがねえな。振り返ってみると、私の人生はいしけえこと（良いことじゃないこと）半分、いいこと半分だな。誰も同じだよ」

YouTubeを始めて、93歳で楽しみが増えた！

たくさんの人生経験をしてきた、ばあちゃん。そして、私たちはYouTubeで『最強ばあちゃんときどき玄孫』というチャンネルを、ばあちゃんが93歳のときに立ち上げました。もちろん主役はばあちゃんです。昭和ひとけた生まれのばあちゃんにとって、インターネットは馴染みがないし、ましてYouTubeってどのような印象を持ったのでしょうか。

「最初はなんのことかわからねえから、なんとも思わねえよ。あとになってテレビで自分が映ってっとこを見せられて、まさか自分がテレビに映るときが来るとは思わなかったから、びっくりしたなぁ。恥ずかしいけど、こんなばあさまを見てくれる人がいるってのはありがたいし、嬉しいなぁ。この歳になって楽しみが増えるのは幸せなことだなぁ」

動画は、撮影も編集も私がスマートフォンで行っています。それが世界中に配信されることが、ばあちゃんは不思議なようです。

「今の人は頭がいいなぁって思うよ。畑でゆいが撮ったやつをどうやんだか知んねえが、やったら（編集したら）、たくさんの人に見られるってなぁ。本当にすごいことだよ」

撮影はばあちゃんのスケジュールや日課に合わせて、ふらりと撮ることがほとんどです。ばあちゃんの「日常」を切り取るようにしているので、ばあちゃんにとっては完成動画を見ても自分の「いつものこと」なので、見てくれている人がどうして喜んでくれるのか不思議かもしれません。

そんなばあちゃんから見て、お気に入りや、覚えている動画はあるのか聞いてみると、ちゃんと覚えてくれているようです。

動画は、ばあちゃんのありのままの日常を撮影するようにしています。

「(動画は)だいたい見たやつは全部覚

えてっとな。あんまりいろいろ見るもんで（記憶が）ごちゃごちゃになっちゃうけど。見ればあの動画だって覚えているよ。（ＹｏｕＴｕｂｅを始めた）最初の頃、るかとコロッケを作ったり、花見をしたりな、楽しいよ」

ちなみに、ばあちゃんはＹｏｕＴｕｂｅを自分で見る（操作する）ことができないので私がテレビに繋げて見せています。つけると見るし、喜んでいるんだけど、自分から「見せて」とリクエストすることはありません。それも、ばあちゃんらしいところ。

ＹｏｕＴｕｂｅを始めて、ご近所などのいろんな人から「見てるよ」って声がかかるようになりました。みんな、ばあちゃんの顔見知りだったりするのですが、あるとき近所のスーパーに行くとレジの店員さんが感激してくれたことがありました。聞けばこの方はばあちゃんが近所に住んでいることを知らずに、いつも動画を見てくださっていたようで、突然ばあちゃんが目の前に現れて驚いたようです。そのような人が近所に住んでいるということで、私たちもびっくりしたというか。

「覚えてるよぉ。いろんな人が見ているんだなぁ。そのお陰で近所の人にたくさん声かけられるよ。『YouTube見たよ！　おばあちゃん、すごいね〜』なんて言われたなぁ。ありがたいことだぁ。YouTubeを始めてみて、なんていうか気持ちが明るくなったというかな。楽しみちゅうか、夢があるっちゅうか、心が明るくなったかな（笑）」

よかった。このチャンネルがばあちゃんに良い影響を与えているのは家族としても嬉しい。

これからもばあちゃんと一緒に楽しみたいから、「次は何を撮影したい」とか、私に注文はあるかな？

「ちょっと、わかんねえなぁ」

だそうです……。

玄孫たちの成長を楽しみに、目指せ100歳

ばあちゃんから見ると、今はどんな時代に映るのでしょう?

「なんていうかなぁ、みんなが殿様暮らしだと思うよ。昔のことを振り返って比べると物は豊富だし、働くとこもあって、安くて美味いもんも食べられるしな。93歳になってゆいとわたると回転寿司に行ったら、(おもちゃの)新幹線が寿司を運んできてよ~(笑)。今は夢のような暮らしだ」

95歳のばあちゃんには、まだまだ「夢」があります。

「なるだけ生きて、玄孫たちの成長を見たいな。るか(玄孫・5歳)の子ども(来孫)を見たいとは思わねえ、いくらなんだってな。

今は95歳だからな、なんとか100歳くらいまで生きられるべ。動けなくなっても家にいたいとは思うけど、世話する人が大変だからな。そうなったら老人ホームに行くよ」

家の縁側でちょっと休憩のひとコマ。まずは100歳を目標に、まだまだ畑仕事を続けます。

いくつになっても何でも自分でやってしまう、最強のばあちゃん。私の尊敬するばあちゃん。

ばあちゃんと私たち家族は今、一日一日を大切に暮らしています。100歳までとは言わずこれからもずっと一緒に、何でもない平穏な「日常」が長く続きますように。

ばあちゃん、たくさんおしゃべりしてくれてありがとう。いつまでも元気でいてね。

あれこれ、いろいろ、最強ばあちゃん

ここまで、ばあちゃんの「歴史」を簡単に紹介しました。ここからは、ばあちゃんがどんな人なのか、趣味嗜好などを質問して、その横顔を紹介します。

Q 好きなこと

歳とってっからあんまりねえや。でも畑仕事やるのは好きだし、楽しみだな。

Q 毎日やっていること

そりゃあ畑仕事だっぺよぉ。あと洗濯、掃除、昼飯の用意だ。朝飯は適当にあるもんですませる。朝は必ずヨーグルトを食うなあ。夕飯は（同居している）長女も孫も作るし。

Q 好きな食べ物

最近はこれ美味い！　みたいなのがないよ。あぁ、そういえばピザが好きだぁ。ピザは自分では作れないからなぁ、たまに食べると美味いな。

Q お酒　少しは飲むけどぉ……滅多には飲まねえ。

Q 運動　運動は特別何もしねぇけど、畑の仕事が運動になってるべよ。

Q 趣味　畑。ほかにねぇべ。

Q 特技　あんめぇ（ない）なにも。畑仕事も飯作るのも別に特技ではないな。

Q 資格・免許　そんなのあんめよ（持ってない）。

Q 好きなテレビ番組
ドラマは見れば面白いんだけど、耳が最近はよくないからセリフとか理解できねぇことが多くなったの。だから歌番組を見ることが増えたな、料理番組とかも見るなぁ。

Q 好きな歌手
三山ひろし。コンサートで2回見たことがあるよ。一度舞台から通路へ降りてきたとき握手したことを覚えている。良い思い出だな。あと、（演歌歌手の）福田こうへいも好きだ。

Q 好きな芸能人

志村けんと、萩本欽一とコロッケ。面白い人が好きだ。

Q 旅行

旅行は好きだ。行くといつも楽しくてなぁ。日本全国の大体有名なところはぜんぶ行ったからよ。北海道から沖縄まで、端から端まで知ってるよ。昔はいろんな団体旅行をする機会が多くて。駅前にバスが停まって、みんなでそれに乗ってあっちこっち行ったもんだよ。写真もいっぱいあるよぉ。（※編集部注：旅行先の集合写真をたくさん見せてもらいました。知床、東尋坊、那須、伊豆、沖縄などなど）

これから行きたいところはあるかって？　歩くのが容易じゃねえから、今はどこへも行きたいと思わない。

Q 得意料理

天ぷらとコロッケかなぁ。最近は手のかかるやつはやりたいと思わないな。

※長女談「昔は柏饅頭とか、いろんな饅頭を作ったり、餅つきもしてた。手打ちうどんもよく作っていたね。父（ばあちゃんの旦那）もばあちゃんの手打ちうどんが大好きだったよ」

Q 家事

嫌いっちゅうこともねえけどな、好きなこともねぇよ。やるしかねえし、仕方ねえからやるだけだよ。

Q 性格　なんて言っていいかわかんねぇなぁ。いくらか我慢強いと思うよ。

Q 自分を動物に例えると

わかんねぇ。

※私（ゆい）から見たら、ばあちゃんはとにかくいつも動いている小動物。とにかくじっとしていられない人。ばあちゃんが一所で長く休んでいるのをあまり見たことがありません。こっちでお茶を飲んでいると思ったのに、気づいたらもう畑にいるとか、料理してるとか。働き者の動物です。

Q 地元

茨城は大好きだなぁ。自分が住んでっとこが一番だ。水害もねぇし、土砂崩れもねぇ。茨城県、最高。

感謝の気持ちとプレゼントを渡しに行きました！

ばあちゃんと玄孫の日々是好日①

95歳と3歳の可愛すぎる会話

ばあちゃんと玄孫の日々是好日②

玄孫2人とコロッケを作ったら大変すぎた

ばあちゃんと玄孫の日々是好日③

2

どうしようもねぇもんは どうしようもねぇ、人生Q&A PART 1

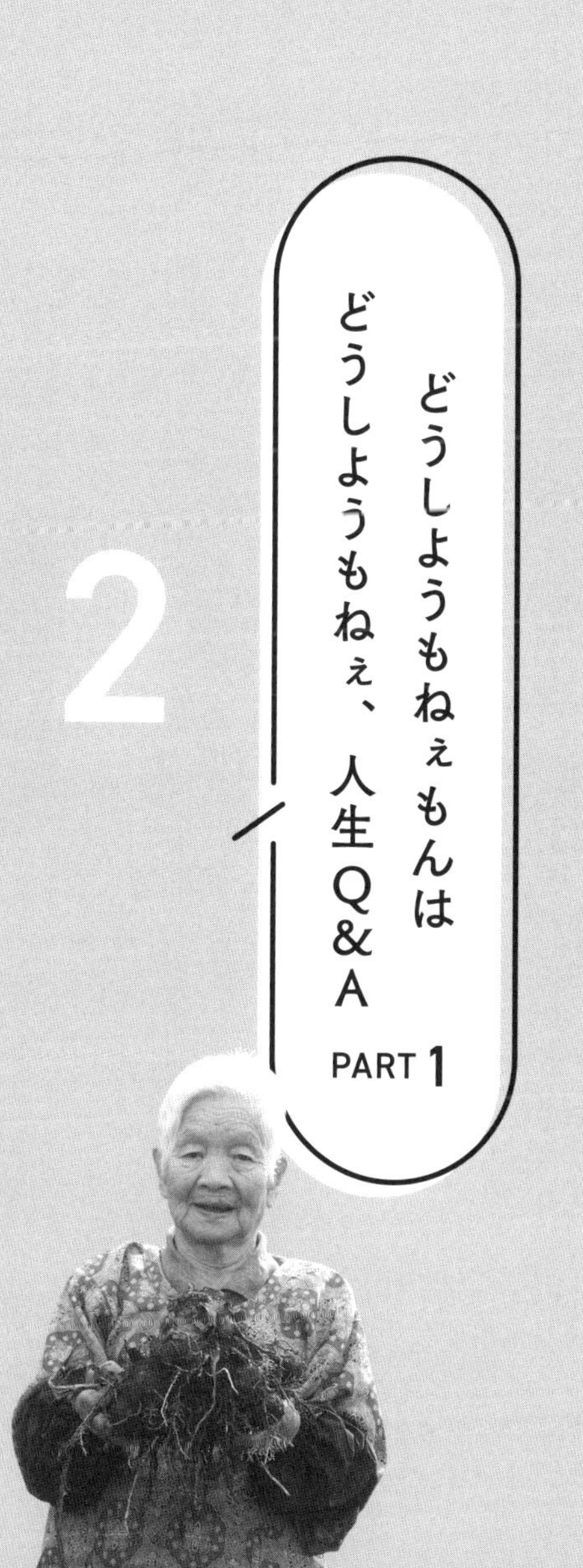

Q1

「将来、病気にかかるかも」と考えると怖くてたまりません。おばあちゃんはどうですか？

A

医者は好きでも嫌いでもねぇけど、

言うこと聞いて

成り行きにまかすしかねぇわな。

私は昔にリウマチやったけど、
薬のんで今は大丈夫。
年に1、2回風邪ひくくらいだけど、
それも薬のめば大丈夫

Q2

体があちこち痛くて、やる気が起きません……。

A

休めばいい。

体を使わないこと

Q3

母親が認知症になってしまいました。どうしたらよいか、途方に暮れています……。

A

昔は認知症ってあったのけ？
昔の人はなんなかったのかなぁ。
やることいっぱいあったからかなぁ

Q4

最近、もの忘れがひどくて困っています。おばあちゃんは気をつけていることはありますか？

A

年寄りはみんなそうだぁ。
気をつけていることは、
とくにねぇな

Q5

鏡を見て「歳をとったなぁ」と落ち込むことがあります。歳をとるのが嫌ではないですか？

A

歳をとれば
それなりの顔になっぺ。
シワ、白髪は自然だっぺ

Q6

ときどき、人生もそろそろ終わりと落ち込むことがあります。
どうすれば気持ちを切り替えられたりできるでしょうか？

A

ただただ、**それなりに**
生きているだけだからなぁ、
なんとも言いようがねぇよな……。

私には「畑」があるけど、
趣味も仕事もなんもねぇ人は
気分転換とかできねえもんな……

Q7

補聴器がうまく使えなくて悩んでいます。おばあちゃんも使っているようですが、上手に使えていますか？

A

補聴器が悪いんだか、
自分の頭が悪いんだか……。

うまく使えているのかわかんねえ

Q8
入院（通院）生活が長くて、毎日が楽しくないです。おばあちゃんは入院生活の経験はありますか？

A
病気に逆らうことは無理だっぺ。
私も骨折で1週間くらい入院したことがあるけど、退屈だったなぁ

Q9

旦那さんの介護で一番大変だったことは何ですか？　私自身、将来の介護生活などが不安です……。

A

旦那は脳梗塞で半身不随だった。
介護はすべてが大変だったけど、
毎回、病院に薬をもらいに行くのが
大変だったなあ。

待ち時間も結構あんだよなぁ。
介護するのもされるのも、
そうなったら
仕方ねえべ

Q10

どうしようもない悩みがあるとき、おばあちゃんはどうしていますか?

A

なんとも答えようがねえ。

我慢するしかねえべ。

それ以外にすることがねぇな

Q11 辛いことがあったとき、おばあちゃんはどうしていますか?

A

我慢……

Q12

少し前に「老後2000万円問題（定年後30年間の生活に2000万円が必要と金融庁が発表）」などの話もありましたが、高齢になったときのお金が心配です……。

A

私は家族（娘と孫）と一緒に暮らしているからなぁ。頼れる人を頼って、あとは

心配のしすぎはキリがねえなぁ

Q13

貯金をする余裕がなくて、将来の生活に不安を感じています……。

A

余裕がないと不安になるのは、
みんなそうだなぁ。私も貯金なんかないよ。
それを考えることもねぇし、**その日を**
大事に暮らせればいいべ

Q14

いまの仕事とお給料が釣り合っていないと感じています。おばあちゃんは昔働いていたときに、そんなふうに思ったことはありますか？

A

会社勤めしていたときの給料は
いくらか忘れたけど、少なかったなぁ。
でも、その頃は給料が多いとか
少ないとか考えたことはなかった。

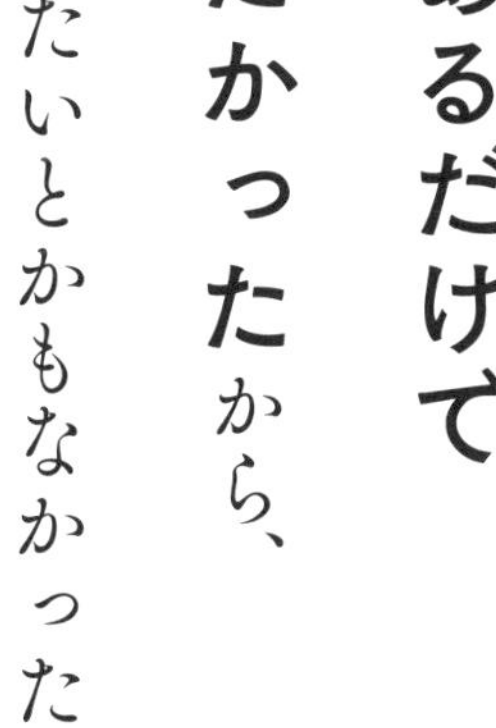

仕事があるだけでありがたかったから、
仕事を変えたいとかもなかったなぁ

Q15

近所（隣の人）と折り合いが悪く、毎日気まずい思いをしています。何か解決策はありませんか？

A

ちょっとのことは我慢。

私は近所が親戚ばかりだから、

仲が悪くなったことはない（笑）

Q16

いつも三日坊主で、長続きしない性格に悩んでいます。何かよい方法はありませんか？

A

それで、**べつにいがっぺ。**
自分の子どもや孫、
ひ孫だったらほっとくかな

Q17

夜早くに布団に入っても眠れず、早起きが苦手です。一日のリズムを正したいのですが、おばあちゃんは何か対策などしていますか？

A

気の持ちようだっぺ。
私も眠れないときのほうが多いよ。
そんなときは**昔のことを**
繰り返し考えるんだぁ。

何十年も生きていると
いろんなことがあったなぁって、
そんなことを考えてっと
いつの間にか寝ているもんだ

Q18

「幸せ」と感じるのは、どんなときですか？

A

ありがたいことに、いっぱいあっぺ。

子ども（玄孫）**たちと**

一緒にいるときもそうだし。

最近だと、
YouTubeをやっているときが楽しいなぁ。
いろんな経験ができて嬉しいなぁ

Q19

毎日の献立が考えつきません。もともと料理を作るのがあまり好きではないので、面倒に感じてしまいます……。

A

歳をとって考える力がねぇから、
私は**冷蔵庫にあるもんで作る。**
作るのは面倒だけんど、しょうがねぇな

Q20 歳をとってからもとくに趣味がないのですが、おばあちゃんは趣味がありますか？

A

私の趣味は**畑の仕事**と、
玄孫と遊ぶことだ

95歳と3歳で餃子を作ったら……大成功⁉

ばあちゃんと玄孫の日々是好日④

ばあちゃんにチューを断られた、れおくん

ばあちゃんと玄孫の日々是好日⑤

耳が遠い
ばあちゃんに
美味しいを
伝えたい

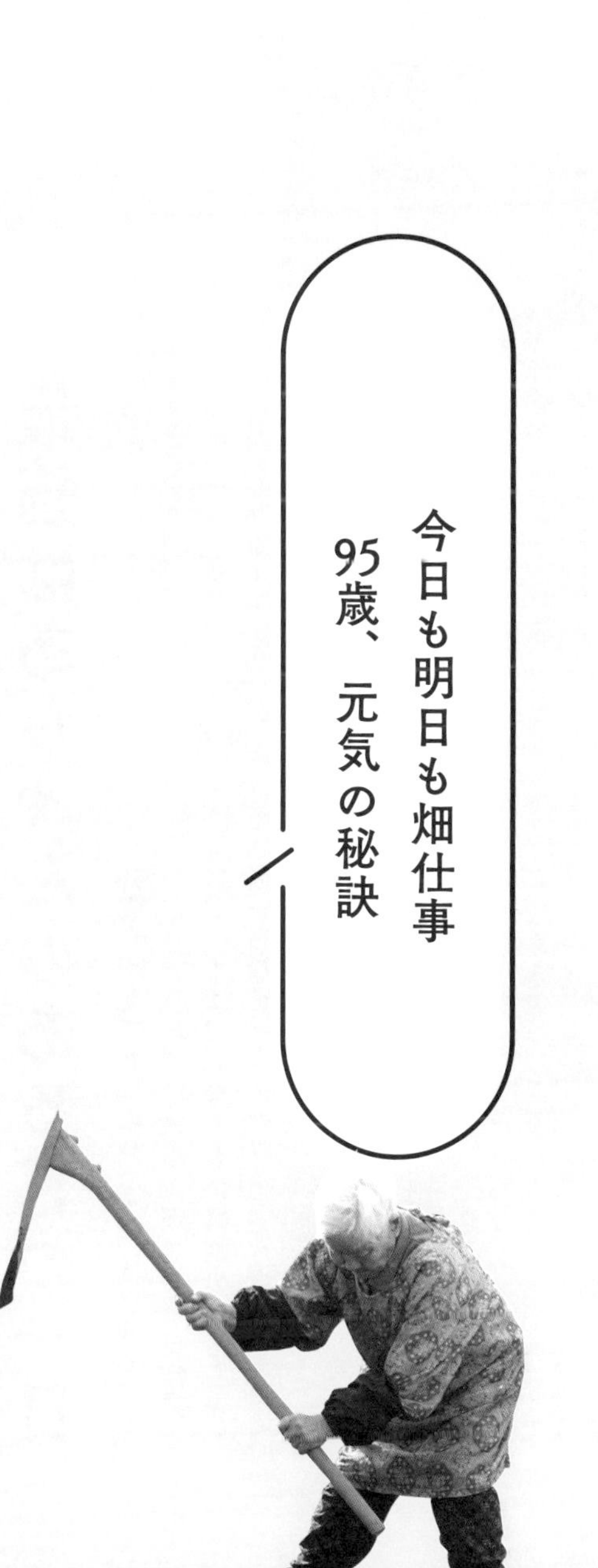
今日も明日も畑仕事
95歳、元気の秘訣

最強ばあちゃんのある日の一日

95歳を超えても、「自分のことは自分でやる」のが当たり前。趣味の「畑」も毎日作業をしています。心身ともに最強のばあちゃんの一日をタイムスケジュールで紹介します。

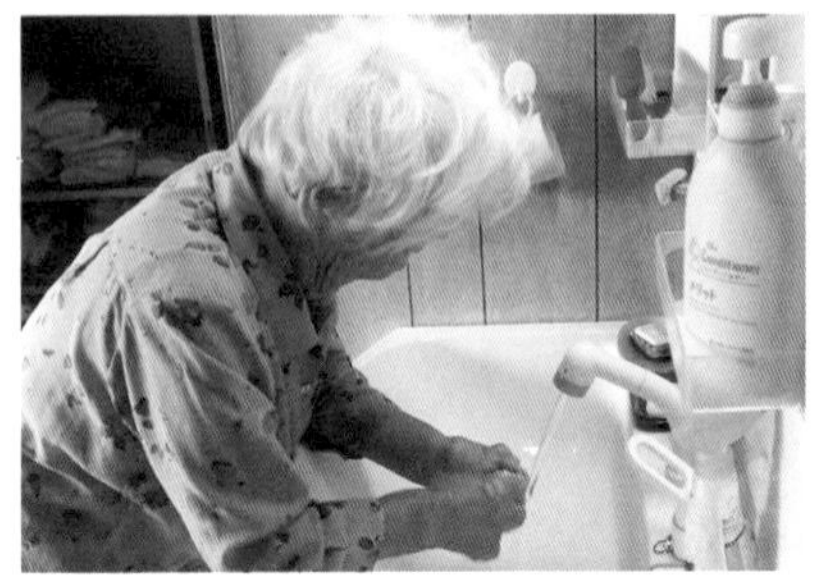

ばあちゃんの必殺技「入れ歯外し」（160ページ）で、玄孫を喜ばせるためにも入れ歯の管理は大切。よく食べるためにも欠かせない。毎朝きちんと磨いて、手入れをしているよ。

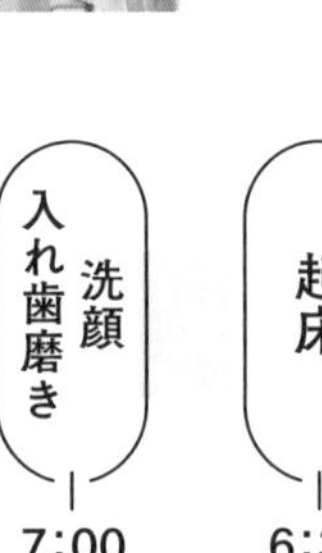

おはよう！

6:30 起床

7:00 洗顔 入れ歯磨き

8:00 朝食

掃除・洗濯

ヨーグルトは毎朝必ず食べてんな。乳酸菌の摂取は体には良いみてえだな。これも健康長寿の秘訣になっているのかもしれねえな。

「別に家事は好きじゃない」けど、自分のことは自分でやるのが習慣。洗濯も自分のものは自分でしているよ。

ばあちゃんの一日はまだまだ続く

8:30 畑仕事

畑仕事は私にとって、仕事であり、趣味であり、楽しみであり、元気の源。よい運動になるだけではなく、大地から力をもらっている気がするね。

11:00 お昼の支度

一緒に住んでいる長女と孫が日中は仕事（自宅前にあるクリーニング工場）なので、昼食の支度は私の当番。長女と孫もお昼を食べに帰ってくるから、みんなの分を作ってんだよ。

12:00 昼食

昼食は長女と孫の3人で食べることが多いけど、ひ孫と玄孫が来れば一緒に食べることもあったりで、日によっていろいろ。食卓が賑やかなのはよかっぺ。

玄孫と休憩

玄孫のるか（左）とれお（右）が遊びに来るのも今の楽しみのひとつ。子どもたちからたくさん元気をもらっているよ。

13:00

夏は16:00 ～ 17:00、冬は16:00頃まで

ひ孫のゆいが畑仕事しているところに来たりして、時折なにやら撮影している。いろんな人から感想をもらえるのは嬉しいよ。

昼食後は、休憩しながら夕方まで畑にいるよ。もともと農家で育って、農家に嫁いだから畑作業はいつもの日常。それでも収穫は何度やっても嬉しいどなぁ。ワクワクする。

17:00 夕食の支度

夕食は長女だったり、孫だったり、私だったり、なんとなく誰かが支度している。できる人がしているよ。時間はきちんと決まってないけど午後7時前には食べ終わっているな。

18:00 お風呂・休憩

夕食の支度をしないときは休憩だ。お風呂入ってベッドでゴロゴロ、テレビを見たりしているよ。

18:30 夕食

家族が集まって食事すると大皿料理が多くなる。大人も子どももみんなで大皿をつついて同じものを食べるっていいよ。「美味しい思い出」が一緒になるべな。

19:00 テレビを見ながら就寝

寝る時間は決まってねえな。午後7時ぐらいからベッドでゴロゴロしながらテレビ見て、いつの間にか寝ていることが多いかな。眠れないときもあるし、すぐ寝るときもあるし。

おやすみzz

また明日！

畑仕事は趣味&元気のモト

畑は私の〝仕事場〟〝居場所〟。私を元気にしてくれる場所。土を耕して種を植えて、水をやり、肥料をやり……面倒が多いほど、収穫が嬉しい。不作だと次また頑張ろうと思う。畑仕事の試練は私に明日への活力を与え、収穫は生きる喜びを与えてくれる。

ばあちゃんが作る四季折々の野菜

うちの畑でできるものなら、種さえあればなんでも作るよ。作るのはなんでも好きだ。上手に作れるのは、なすとかきゅうりとか大根、ねぎ。すいかは甘くできねえ。収穫はおもに春・夏・秋。その季節に旬な作物を植えてるな。冬は収穫した里いもを土に埋めて保存。食べる分だけその都度掘り返している。

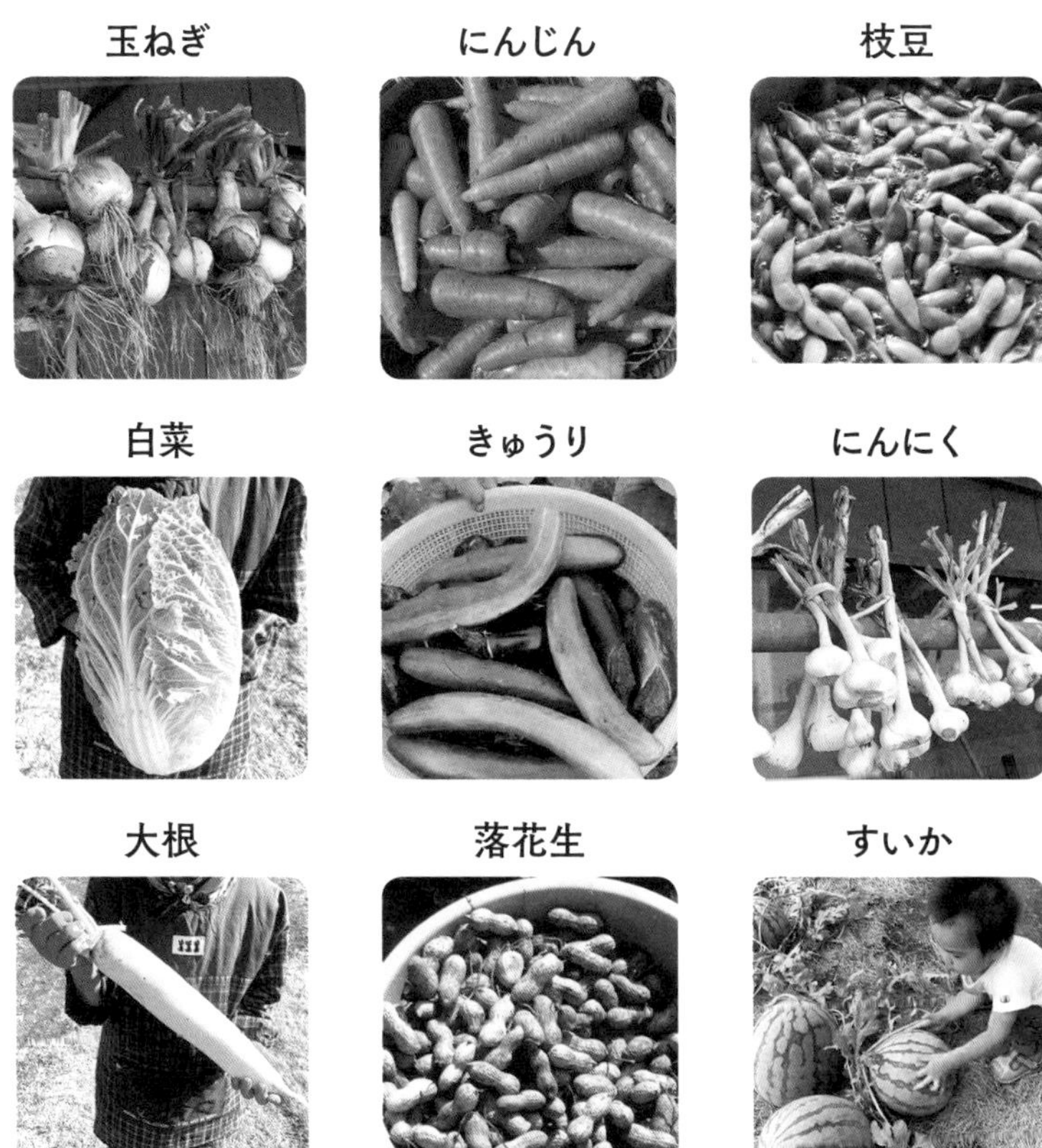

あるもんで作る、料理いろいろ

得意な料理はいろいろあるけど、揚げ物だったら天ぷらとコロッケかな。揚げ物はよくするな。カレーや味噌汁、お好み焼きも作ったりするけど、最近は手のかかる料理はやりたいと思わねぇ。今日畑でとれた野菜と冷蔵庫にあるもので作るのが多いよ。

お好み焼き

キャベツの収穫時期になると、とくによく食べるなぁ。大量のキャベツがおいしいよ。にらとキャベツをみじん切りにするのがポイントかなぁ。

カレー

月に一度は作る料理かな。普通に作るだけのもんだけどな。「ばあちゃんはそう言うけど、ばあちゃんと同じように作ってもあの味を出せません」（ゆい）

天ぷらうどん

うちの天ぷらうどんは、ざるにあげたつけうどんと、別皿に揚げたかき揚げなどの天ぷらをおかずに食べるもんだな。「ばあちゃんの天ぷらはいつもサクサクで美味しいです」（ゆい）

焼きそば

にんじん、キャベツ、もやし、ピーマンにあとできれば、ねぎときのこを入れているな。「きのこの歯ごたえがよいです。野菜がたくさん入っているので、美味しい」（わたる）

味噌焼きおにぎり

こげないように、先に表面を少し焼いてパリパリにしてから、味噌を塗ってまた焼く。ちょうどいいこげ目がついたら完成だ。たまに盛大にこがすこともあるなぁ。

元気に長生きする5つの習慣

これまで大きな病気、ケガといえば、1週間入院した骨折と今は薬をのんで寛解したリウマチだけという健康的な最強ばあちゃん。現役で畑仕事をしているだけあって、足腰も丈夫です。その元気の秘訣を自分なりに分析してもらいました。

① 毎日、体を動かす

当たり前のことだけど、体を日常的に動かすことは歳をとるほど大事だと思うなぁ。

畑仕事をやってるから、強制的に体を動かすことができてるんだろうなと思うよ。「畑は趣味」だもんで、好きでやっているから「運動」という感覚はねぇんだけどな。

運動というと1日にこれぐらいやらないといけないとか決まりがあるんだろうけど、そんなようなストレッチとか階段の上り下りとかは、私には無理。続かねぇよ。「畑」以外は特別に運動というものはやってねぇし、やれと言われてもできねえなぁ。

畑仕事は作業の途中で疲れたら休んでいいし、「今日はちょっと体調良くねえな」と思ったら、次の日にやればいい。体の動かし方も若い人のように大きく早く動かなくても、自分の体力や力の範囲内でいい。それで、野菜は立派に育ってくれる。自分に合った「運動」になってんだっぺな。

「自分のことは自分でする」という習慣も、運動になってるのかもな。料理や洗濯、家事全般は基本的に立ち仕事だから。1日のうち立っている時間は普通の年寄りより長いかもしんねぇよ。

あと、体を動かすことでストレスも発散してんのかな。土を耕したあとは気持ちがいいし、せっせと植えた種が芽吹い

青い空と大地に包まれて毎日運動（畑仕事）をしている、ばあちゃん。

た様子を縁側から眺めるのも気持ちがいい。野菜の成長を家族と話す。収穫したらみんなで食べる。今年の出来はよいとか悪いとか。それもぜんぶストレス発散になってるんだろうな。

疲労回復や夏バテ予防が期待できる自家製紫蘇ジュースは夏の定番。

こんなことを毎日繰り返すのは農家にとって当たり前。畑仕事は作物だけでなく、体と心の健康など、たくさんの恵みを私にもたらしてくれているのかもしれねえな。

② なんでもよく食べる

だいたいなんでも食べるし、量もよく食べるよ。そんなんで、栄養バランスはとれてるのかもしれねぇな。

戦争中とか戦後は物が少なかったから、

食べ物に不自由した経験があんのよ。そんな時代があったから今でも食べ物は大事にしてるよ。

孫のあつしに、私の元気の秘訣を聞くと、こんなことを言ってたな。

「(ばあちゃんは) 成長期に、添加物や着色料、保存料が入ってないものを食べて育ったから、今も元気なのかもね」

たしかに昔は物がなかったけど、食べ物は自然のものばかりで体にはよかったのかもなぁ、と思うよ。

あつしの嫁のはるみちゃんは、こんなことを言っていたな。

「自分の畑の野菜を中心に食べているのは長生きの秘訣。農薬を気にせず、野菜をたくさん食べられるのはいいことだよね」

自分で作ったものを自分で食べる「自給自足」の生活は、農家には当たり前だけど普通の家では違うんだよな。自分で作った野菜はやっぱり安心だし、しかも思い入れもあるから一段と美味しくて、たくさん食べてしまうな。

あと、健康を意識して食べているものは朝食のヨーグルト。腸の働きに良いらしい。同じようにヤクルトも玄孫と一緒に飲んでるな。それと、夏になると自家製の紫蘇ジュースを飲んでるよ。疲労回復などいろんな効能があるみたいだな。

③ 小さいことは気にしない

ひ孫のゆいが、健康の秘訣と思うところは……。

今日も美味しい料理をいただける。一日一日を大事に生きています。

「ばあちゃんは小さいことを気にしないから。なるようになるというポジティブ思考だからストレスが少ない（笑）。それが、元気のモトになっているんじゃないかな」

たしかに小さいことは気にしない性格かもな。

なるようになるという考え方も当たっているかな。ただ、自分の前向きな心は「我慢」とセットかもしれねぇな。

戦争中から戦後、国民みんなが我慢を強いられた時代があって、そのあとも旦那の介護があったり、つねに楽しい生活を送ってきたわけではねぇからなぁ。辛いこと、厳しいことが降りかかると、いつもじっと我慢だった。今の人たちは「我慢」って言葉が嫌いかもしんねぇけど、我慢のあとはきっと良いことがあると思うんだ。厳しい冬のあとは、温かい春が来るようにな。

そんな「我慢」の気持ちを持っているからこそ、なんでも前向きになれて、小さいことにくよくよしないのかもしんねぇなぁ。

④ 好きなことをする

ひ孫のあやかが、「ばあちゃんは好きなことができているから、認知症になりにくいんじゃないのかな」って言ってたな。それが本当かどうかはわからねぇけど、好きなことができて、それが元気の源になっているんなら、そんなあり

玄孫との触れ合いも、ばあちゃんの大切な時間のひとつ。

がたいことはねえなぁ。

好きな畑仕事やって、好きでも嫌いでもねぇ料理して、それを家族で一緒に食べるのはいいことだなぁ、と思います。今の毎日には、感謝しないといけねぇべなー。

⑤ 家族とよく話す

家族が多いのは、私の最も自慢すべき財産。

この財産こそ私の長生きの秘訣なのかもしんねえなぁ。

それは家族もみんな言っています。

「たくさんの孫、ひ孫、玄孫が長寿の秘訣」（孫・たかゆき）

「孫やひ孫、玄孫までたくさんいることが良い刺激になっている」（ひ孫・あやか）

「家族が多いことで、定期的に誰かとコミュニケーションをとることができて

いる。だから頭がシャキッとして、若々しくいられるのでは」（ひ孫・わたる）
95歳の年齢で玄孫の顔を見ることができるのは、とても貴重なことだよ。長生きできているだけでなく、みんなが健康で子孫を増やしてくれたからこその幸せなんだよなぁ。

小さい子どもがいる暮らしは、何回繰り返してもいいもんだ。子どもや若い人がいると、家は賑やかになる。一人で暮らしていたら、こんなに元気じゃなかったろうなぁ、と思うよ。

話し相手が日常にいないという人は、ちょっとのことでも外に出たりして1日に何回かはおしゃべりしたほうがいいと思うよ。楽しかったり、腹立てることもあるかもしれねぇけどな。

家族みんなが集まって近況報告やら昔話やら、ごはんを食べながらワイワイと盛り上がる時間が大好きで楽しみです。

れおくんが
おむつではなく
パンツで来たこと
を報告

ばあちゃんと玄孫の日々是好日⑦

ブロッコリー嫌い。笑える95歳と3歳のやりとり

ばあちゃんと玄孫の日々是好日⑧

たとえ聞こえていなくても愛を伝え続ける玄孫に感動

ばあちゃんと玄孫の日々是好日⑨

4

5世代YouTuber
の大家族

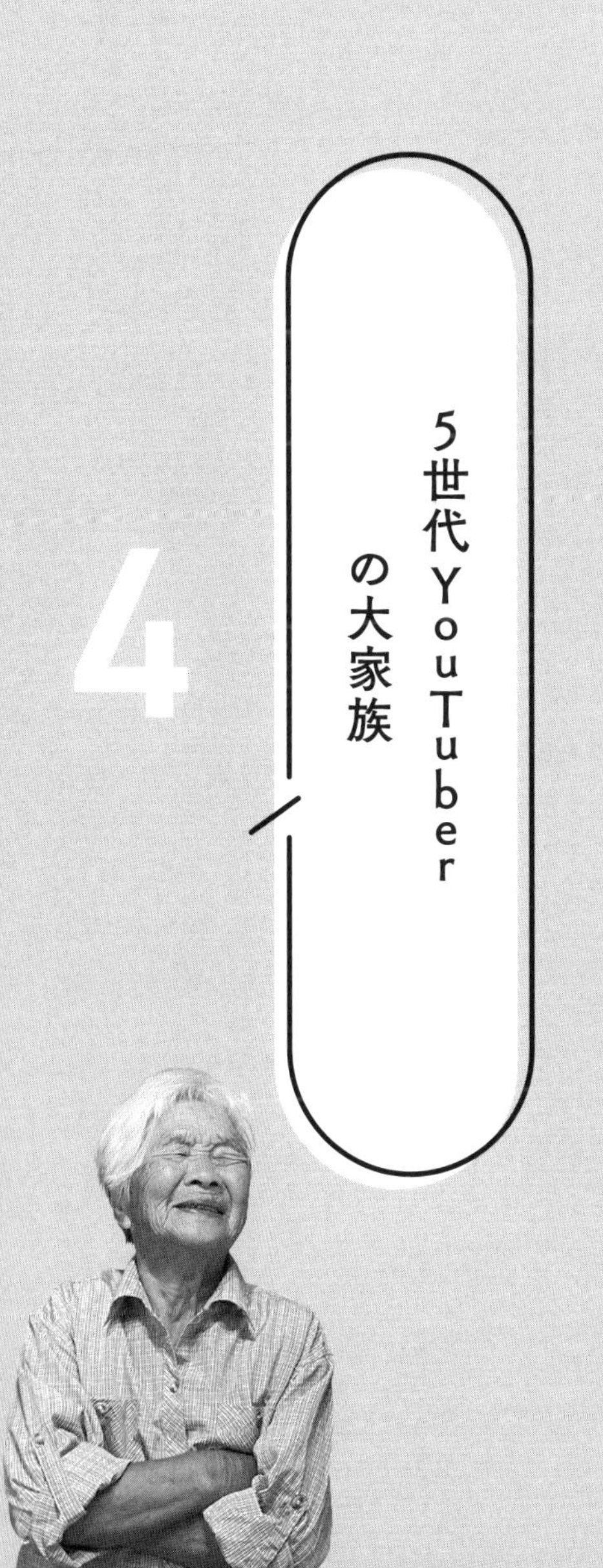

最強ばあちゃん ゆい&わたる が家族を紹介します！ ばあちゃんの子ども編

ばあちゃんには5人の子どもがいました。第一子の男の子と4姉妹です（6ページの家系図参照）。長男「かずお」さんは生後2か月で百日咳にかかって、残念ながら早逝してしまいます。4人の娘さんたちは、それぞれ年齢2歳差、長女と四女が6歳違いの姉妹です。長女・せつこさんはばあちゃんの家で一緒に暮らしています。

ゆい

この章では、私たち家族をばあちゃんとひ孫のわたる、その姉の私・ゆいが紹介します。ばあちゃんの子どもたちから始まり、孫世代、ひ孫世代、玄孫世代まで、世代順に私たち家族の人となりに簡単に触れています。

では長女から紹介しましょう。ばあちゃんは長女のことを「ねえちゃん」、私とわたるは「かあさん」と呼んでいます。

現在、ばあちゃんと同居していて、ばあちゃんの家の前でクリーニング屋を経営しています。

わたる

ゆい

ばあちゃんは、かあさんのことをどのように見ているのかな？

ねえちゃんは特別良くもねえけど悪くもねえよ。普通でいいんだよ。褒めてんだかんな。あと、子どもの頃は勉強ができたなぁ。歌うことが昔から好きだな。

ばあちゃん

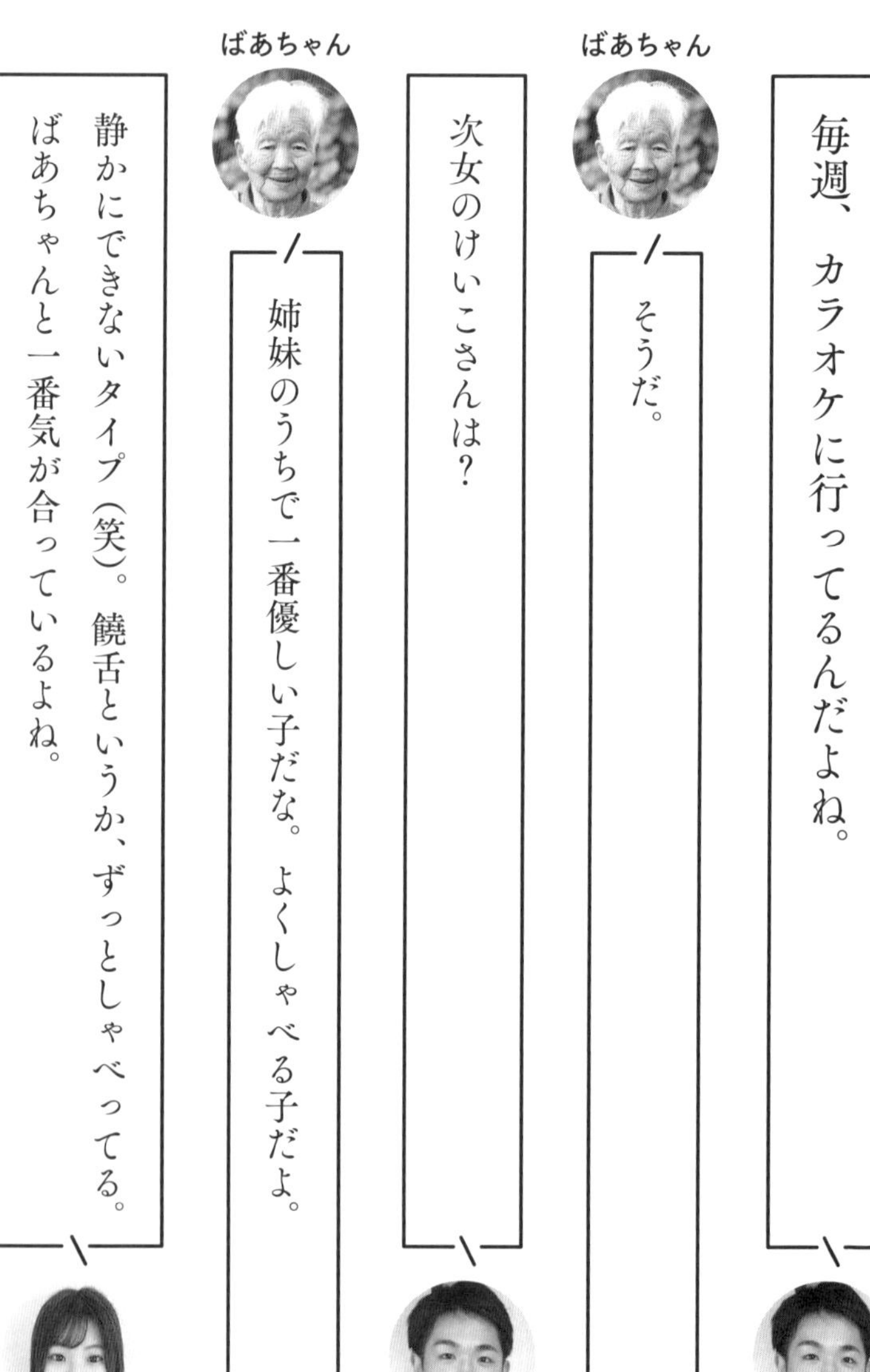

わたる
毎週、カラオケに行ってるんだよね。

ばあちゃん
そうだ。

わたる
次女のけいこさんは？

ばあちゃん
姉妹のうちで一番優しい子だな。よくしゃべる子だよ。

ゆい
静かにできないタイプ（笑）。饒舌というか、ずっとしゃべってる。ばあちゃんと一番気が合っているよね。

ばあちゃん

そうかぁ？

けいこさんがいると、場が賑やかになるよね。

ゆい

四姉妹が勢ぞろいした在りし日の写真。左から、かずよ、すみえ、せつこ、けいこ。

ゆい

三女のすみえさんは？

この子も良くもねえけど悪くもねえ。普通だよ。でもぉ、気が利くところがあって、面倒見がいいんだな。

ばあちゃん

わたる

そうだね。僕は大学生で一人暮らしなんだけど、仕送りしてくれたり、お小遣いをくれることもあったり、若い世代の親戚の子たちを支援してくれています。

ゆい

けいこさんの家では猫を飼っているんだけど、すみえさんはその愛猫の餌を手土産にして、けいこさん宅を訪ねたりとかしているの。私の子ども（るか、れお）たちにも、何か月に1回は本屋に連れてってくれて「好きな本を選びな」って本を買ってくれます。

わたる

四女のかずよさんはどんな人？

ばあちゃん

あんまりいい性格じゃねぇ（笑）。

ゆい

これは、ばあちゃんの照れ隠しだと思います。誰にでもフランクで気を遣わせない人です。私は一番気が合う人です。

わたる

ゆいは結構仲が良かったよね。フレンドリーな人柄で、たしかパンを作るのが好きだったよね。

ばあちゃん

飾らない性格の子だよ。

ばあちゃんの孫編

ばあちゃんの孫は7人います（6ページの家系図参照）。このあたりから複雑になってきます。いろんな名前が登場するのでわかりやすく表現するために、ばあちゃんの1番目の孫を略して「孫1」、2番目を「孫2」、3番目を「孫3」……と順番に表記を入れています。ばあちゃんにとって待望の初孫は長女から生まれました。孫6と孫7のゆういちさんとゆうじさんは双子です。孫世代は全員男性なのが特徴です。ゆいさんの父・あつしさん（ときどき動画に出演）も孫2で紹介されます。

ゆい

次は、生まれた順番に孫のみなさんを紹介していきましょう。まず、初孫のみつよしさん（孫1）はどんな人？

動物が好きだよ、猫好きなのか。

ばあちゃん

ゆい

うん、猫好きだね。8匹も飼っているよ。

わたる

ばあちゃんの家に最近やってきた猫（ピーコ）にもケージを用意してくれたり、餌をくれたりしたね。

ばあちゃん

そうだな。

ゆい

8匹のうちの1匹の猫が子どもを産んで、そのうちの1匹を次女のけいこさんに譲ったんだよね。けいこさんはずっとかわいがっているよ。

わたる

孫2のあつしさんとは、僕とゆいの父親です。

ばあちゃん

性格がいいな、好きだな。

ゆい

ばあちゃんがそう言うのは、父（あつし）がよく畑の仕事とか、ばあちゃんの家の手伝いをよくするからだろうね。だから評価の点数が高い（笑）。

わたる

（笑）

ばあちゃん

心の温かい子だよ。

ゆい

父の弟のたつやさん（孫3）は？

ばあちゃん

静かでね。おっとりしていて優しい子だよ。

ゆい

ほんと、優しいよね。

わたる

うん、うん（うなずく）。

ゆい

子ども好きで猫も好きな人。おおらかな人柄でのんびり暮らしています。

わたる

四女・かずよさんの長男が、たかゆきさん（孫4）です。

ゆい

私は、親戚の中で一番よく連絡をとっています。

わたる

そうなんだ！　なんでなの？

ゆい

友達感覚というのかな、なんか気持ちが若いんだよね。話す内容も、ノリとか雰囲気も。

わたる

親戚のムードメーカー的存在だよね。ねえ（ばあちゃんに向かって）。

ばあちゃん

なんちゅうことねえ、普通なんだっぺ。

一同

（笑）

ゆい

「普通」は、ばあちゃんの褒め言葉です。ハイ。

わたる

まなぶさん（孫5）はどんな人？

ばあちゃん

おとなしすぎるとこあってな。体が心配だよ。

ゆい

まなぶくんは、大人数の集まりがあまり得意じゃないんだと思うよ。でもさ、毎年さつまいもをたくさん買って、みんなに配ってくれるよね。

わたる

そうそう、旅行や出張でどこかに行ったら、ばあちゃんの家にお土産を買ってきてくれたりする。

ばあちゃん

んだ。毎年さつまいもを買ってきてくれるんだよ。

ゆい

みんなで「美味しい」って食べているよね。ばあちゃんが天ぷらにしたりして。

ありがたいことだよ。

ばあちゃん

ゆい

次に行って、三女のすみえさんの長男・ゆういちさん（孫6）の紹介です。

親戚の集まりにはあんま来ねえかな。引っ込み思案のところがあって恥ずかしいんだべ。

ばあちゃん

ゆい：最近、私が子どもを連れて家に行ったら、子どもたちがなついて、また遊びたいって何度も言ってる。

わたる：子どもは優しい性格をすぐに見抜くから、ゆういちくんの人柄をわかっているんだろうね。

ゆい：そのゆういちくんの双子の弟が、ゆうじくん（孫7）です。

ばあちゃん：若いのに髭伸ばしていてなぁ、似合っていんだか知らねえけど、あんまり良くねえと思うな。いい顔してんだからよ、髭がないほうがいいのにな。一人なんだから、早くいい女性でも見つけて結婚すればいいいんだぁ。

わたる
ばあちゃんは髭が嫌みたいだけど（笑）、僕は似合っていると思うよ。ゆうじくんは面白いタイプの人。ゆういちくんが物静かな性格なら、ゆうじくんは活発な性格。

ゆい
玄孫のこっちゃんは人見知りが激しくて、お母さん（あやか）か、私の抱っこじゃないと大泣きするんだけど、ゆうじくんに抱っこされたときは、なぜか泣かなかったんだよね（笑）。

わたる
僕が抱っこすると泣くのになんでなんだろう。

ばあちゃん
この前、私が抱っこしようとしたらギャーギャー泣かれたよ（笑）。

ばあちゃんのひ孫編

第4世代の登場です。ばあちゃんのひ孫は5人います。長女・かあさんの次男・あつしさんの子は3人で、長女「あやか」(29歳)さん(1番目のひ孫で、略してひ孫1)、次女「ゆい」(25歳)さん(ひ孫2)、長男「わたる」(20歳)さん(ひ孫4)になります。四女・かずよさんの長男・たかゆきさんの子が2人で、長男「かいと」(22歳)さん(ひ孫3)、長女「かのん」(19歳)さん(ひ孫5)です。

ゆい

ひ孫1は、すなわち私たちの姉です。ばあちゃんから見て、どんなひ孫?

優しかっぺ。いい子だよ。

ばあちゃん

わたる

僕とは8学年も離れているので、小さい頃よく可愛がってもらっていました。

姉弟3人で小さい頃から剣道をやっていたのですが、一番強いのが姉です。高校生の頃はインターハイにも出場しました。

ゆい

ゆい

続いて、ひ孫2は私、ゆいです。

私の大恩人(笑)。ゆいちゃんがいなかったらYouTubeもやってねえし、みんなからプレゼントが送られてきたりしねえもんな。

ばあちゃん

ゆい

大恩人だって（笑）。

わたる

ゆいが調子に乗るから！（笑）　ばあちゃんの人柄がいいからファンがたくさんいるんだよ。

ばあちゃん

そうけ（笑）。

わたる

ゆいは、いろいろな面でセンスがあるというイメージが強いですね。『最強ばあちゃんときどき玄孫』のYouTubeを始めたのもゆいですし、動画の編集作業でも視聴者にウケるにはこうしたほうがいいとか考えたり、デザインもセンスがあるなって思います。子ども服選びでも感心するときがあります。

ゆい

ばあちゃん、わたる（ひ孫4）です。わた（わたるさんの愛称）、ありがとう。続いて、

ばあちゃん

わたはとにかく、誰にでも優しいよ。小さい頃から近所の子をうちに連れてきてよく面倒を見ていたな。男、女どっちとも仲良くするんだよ。あるときな、うちの中でかくれんぼしていてな。あんまりうるせぇから、「かくれんぼはやめてくれ」って言ったことある。活発で元気な子だったなぁ。思い出したよ。あと、わたは出世する感じがあるな。まあ、普通よりは偉くなりそうだ。

ゆい

わたは私の自己肯定感をめちゃくちゃ上げてくれる（笑）。相談するといつも「すごくいいと思う！」って自分の意見も言いつつ、私にやる気を与えてくれます。

ゆい

次は、孫のたかゆきさん（孫4）の長男・かいとさん（ひ孫3）と、妹のかのんさん（ひ孫5）です。

わたる

2人とも容姿が素敵なんだよね。

ゆい

かいとは看護学生だから、親戚で集まったときに聴診器付きの血圧計で、ばあちゃんの血圧を測ってくれたんだよね！

ばあちゃん

んだよ（笑）。優しいよな。これからは病院に勤めるからなあ。

ゆい

かいとの妹、かのんは茨城県で一番と言っていいほど可愛い子です！

わたる

親戚の集まりのときは、かのんちゃんの周りに玄孫たちが集まるよね。

ばあちゃん

れおに親戚の中で誰が一番可愛いか聞いたら、かのんのこと指さしてたどなあ（笑）。面倒見がいい子だよ。

ばあちゃんの玄孫編

第5世代の玄孫たちはYouTubeによく登場しています。この世代が親族にいる人は、そんなにいないのではないでしょうか。ばあちゃん、親族の長寿の素晴らしさを実感します。

玄孫は4人います。あやか（ひ孫1）の子が2人。長男・りっくん（名前は愛称、玄孫2）と、長女・こっちゃん（名前は愛称、玄孫4）。お馴染みの、ゆいさんの子どもが2人。長女・るか（5歳）ちゃん（玄孫1）と、長男・れお（3歳）くん（玄孫3）です。一族最年少のこっちゃんと、ばあちゃんの年齢差は94歳になります。

ゆい

生まれた順から行こうか。まずは私の子のるか（玄孫1）。

なんとも言えねえ。元気な子だな。

ばあちゃん

わたる

「なんとも言えない」は、ばあちゃんがよく言う言葉で、ばあちゃん流の褒め言葉です。

ゆい

今は元気な娘ですけど、2、3歳の頃はすごく人見知りする子でした。とくに大人の男性が苦手だったんだけど、最近はお話できるようになってきたかな。

わたる

恥ずかしがり屋さんだね。

ゆい

少し照れ屋なところはあるかな。

ゆい

次の玄孫は、姉の長男・りっくん（玄孫2）です。

ばあちゃん

あの子は、色男だ、俳優にでもなればいいんだぁ。

わたる

明るい性格だと思います。社交的というか、初対面の人にも遠慮しないでお話ができたりしてね。

ゆい

じゃあ、私の子のれお（玄孫3）にいきます。

ばあちゃん

あの子はお利口さんだよ。でっかくなったら金持ちになりそうだ。

わたる

僕も思い当たることが。こういうことしちゃダメだよって言ったら、それがちゃんと通じる子。とても物わかりがよく、のみ込みが早い。

ゆい

あまりにも物わかりがいいから、れおに「人生何回目?」って聞いたら「2回目」って答えたの(笑)。

笑笑笑

ばあちゃん

わたる

あと個人的な思いだけど、もう少し大きくなったら地元の祭りの儀式、踊りなどの伝統を受け継ぐ担い手になってほしいと期待しています。

ゆぃ

最後は、最年少の新しい家族、こっちゃん（玄孫4）です。

ばあちゃん

まだ小せぇからわかんねえ。でも、可愛いなぁ。

わたる

まだまだ赤ちゃんなので、みんなのアイドルです。僕も会った回数は多くないのですが、やっぱり抱っこするとすごい可愛ぃ。

ゆぃ

うん、うん（うなずく）。

ばあちゃん

ほんとう、可愛いよなぁ。

ゆい：家族の紹介は、ひとまずこれで終了。ところで家族の中で、ばあちゃんに一番似ている人っている？

ゆい

ばあちゃん

ばあちゃん：わかんねえなあ。似ている人は誰もいんめ。

ゆい：たしかに、みんなそれぞれだもんね。YouTubeのコメント欄には、宮崎駿監督の『となりのトトロ』に出てくるお婆ちゃんにばあちゃんは似ているって書かれてるね。

わたる：話が変わるけど、一年で家族が一番多く集まるのはいつだっけ？

お盆とか新年会とか、冠婚葬祭があるときだなぁ。

ばあちゃん

ゆい

多いと30人以上集まるよね。ばあちゃんの家の畳の二部屋の仕切りを外して宴席にしている。

みんなで美味しいもの食べて、お酒飲んで、近況報告するよな。あと、昔の話も楽しいなぁ。みんなが覚えていることが違うから、面白いよ。

ばあちゃん

わたる

大晦日には、ばあちゃんが作った手打ちそばや、うどんを食べる習慣があります。これを食べないと年を越せない気がするよね（笑）。

そうだな。もらいに来るのもいれば、食べに来るのもいるなぁ。

ばあちゃん

ゆい

年末はお餅作りもするよね！

大晦日に年越しそばやうどんを食べて、新年を迎えて、ばあちゃんの作った餅を食べる。これが、年始めのばあちゃんとの大切なコミュニケーションであり、私たちの大事なルーティンになっているかな。

わたる

ゆい

これをやらないと年が明けません。

そうかぁ。嬉しいよ。

ばあちゃん

ゆい

ばあちゃんは、大家族で良いところ、大変なところをどう思っている？

そりゃあ、楽しいことがたくさんあることだよ、行事とかな。入学式も楽しみだし、結婚式は何度見ても嬉しいなぁ。反対に大変なことは、家族が多いだけに心配事も多い。

ばあちゃん

ゆい わたる

うん、うん（深くうなずく）。

ゆい

いよいよ最後の話題ね。こんなにたくさんの家族、全員の名前を覚えるのは大変じゃない？ 覚えるコツとかあったりする？

ばあちゃん

家族なんだから簡単だっぺよ。そんなのコツなんかあんめぇ。

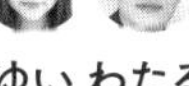

失礼しました（笑）。

なかなか話が噛み合わない95歳と3歳

ばあちゃんと玄孫の日々是好日⑩

ばあちゃんが
作る揚げもちが
好きすぎて、
取りあう
玄孫たち

ばあちゃんと玄孫の日々是好日⑪

95歳にお金をたかる3歳児

ばあちゃんと玄孫の日々是好日⑫

5

どうしようもねぇもんは どうしようもねぇ、人生Q&A PART 2

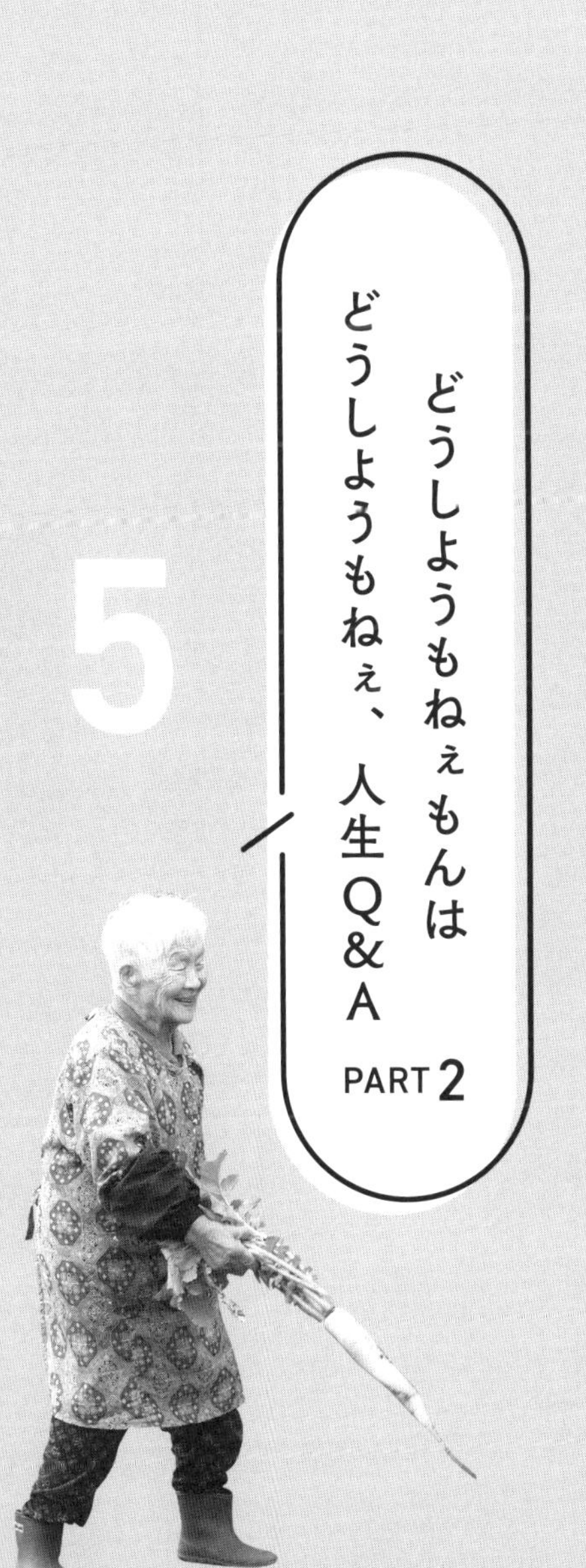

Q1

配偶者との仲が悪化してしまい、離婚をしようかどうか迷っています。おばあちゃんは「離婚」についてどう思いますか？

A

その人の事情にもよるから、
なんとも言えねぇなぁ。
どうしても（離婚）したかったら、
したらいいんでねぇかな。

昔はよほどのことがないと
離婚はしなかったよ。
どっちかが我慢をしてたんだなぁ。
私もずいぶん苦労したけど、
離婚しようとは1回も思わなかったなぁ

Q2

夫が定年して、一日中家にいるのが煩わしく感じます。何か趣味でもつくって、外に出てほしいのですが……。

A

そんなふうに考える人がいるんだなぁ

（笑）

Q3
子どもが5人もいるおばあちゃんですが、子育てで一番苦労したことは何ですか？

A
終戦直後だったからな、
紙おむつもないし、着るものもない。
すべてに苦労したなぁ

Q4

まだ子どもが小さくて子育てに苦労しています。ついイライラしてしまうのですが、何かよい解決策はないでしょうか？

A

子育てはそんなもん。

親が我慢

Q5

小学生の子どもが不登校になってしまいました。無理にでも学校に行かせるべきでしょうか？

A

なんとか、なだめて行かせるかなぁ……。

べつに、**不登校になっても**

仕方ねぇなぁ

Q6

もうすぐ子どもを出産する予定です。嬉しいことなのですが、いろいろ考えて不安になったりもします……。

A

子どもが生まれるのは、
ほんとに「おめでとう」だなぁ。
私の子育ては、
ちょうど終戦直後の

配給生活で物がなかった時代。
大変だったけど、
子どもはそれなりに育ってきた。
なんとかなるんだよねぇ

Q7

兄弟や親戚との付き合いを煩わしく感じることがあります。家族や親戚の多いおばあちゃんは、そんなふうに感じたことはありませんか？

A

親戚との仲はとくに良くも悪くもねぇが、私は煩わしいとか思ったことはないよ。冠婚葬祭のときにだけ会うなら、煩わしいとかも思わねぇしな。

だけど、親戚は大事な存在だ。
あと、いくら兄弟でも
頼りにしすぎるのはよくねぇな

Q8 5世代にわたって家族がいるおばあちゃんですが、家族が多くてよかったことは何ですか？

A 人が多いといろいろあっけど、**賑やかで多いほうがいい**べな

Q9

義理の両親と仲良くもなければ悪くもない……。そんなものでしょうか。

A

一緒に暮らしてねぇから、
そんなもん**わかんね**

Q10

夫に言葉の暴力を受けて精神的に傷ついています。どうしたらよいでしょうか?

A

腹も立つだろうけど、

お互い言いたいこと言ったらどうだ。

我慢してねぇで。

なるべくしゃべんねぇのもいいけどよぉ

Q11

いま勤めている仕事が辛くて辞めたいと悩んでいますが、生活のこともあってなかなか踏ん切りがつきません……。

A

どうしても辛いなら、
辞めたほうがいいんでねぇの。
我慢も必要だけんど、
また職を探せばいいだけだ

Q12

歳を重ねると、最近の若者のマナーの悪さが気になってしまいます。

おばあちゃんはそんなことありませんか？

A

「しょうがねぇなぁ」

と思えばいいんでねぇか。

うちの子たちは普通だったな

Q13

歳をとっていくと、親しかった友達が亡くなって年々友人が減っていきます。おばあちゃんはそんなとき、どうしていますか？

A

友達が亡くなるのはさびしいなぁ。
新しい友達はいまからなかなかできねぇし。
でも、なるようにしかなんねぇ

Q14

掃除や洗濯など家事をやりたくない……と思ったことはありますか？

A

そんなときもあるよぉ。

（やらなくても）**いいんでねぇか。**

やりたくなくとも、なんとか

やるしかないときもあるしな

Q15 人と話すのが苦手で、社交的な人がうらやましいです。話し上手になる方法はありませんか？

A 今は耳が遠いから
人と話すのは苦手（笑）。

気持ちはわかる。私は、もともとおしゃべりではねぇから気になんねぇな

Q16

人に嫌われたくない性格で、人の言動を必要以上に意識してしまいます。こんな私は変でしょうか？

A

普通にしていれば嫌われない。

普通でいいべ

Q17

ほかの人と自分をすぐ比べてしまいます。

A

人は人、自分は自分。

比べても意味がねぇ。

私もそういうことは多くあったけど、

そう思っても仕方ねぇしな

Q18

なかなか「NO（ノー）」と言えない性格です。上手な「断り方」などはありますか。おばあちゃんは断るとき、どうしていますか？

A

昔は相手の気持ちを考えて

断れなかったけど、

歳をとるとあまり考えなくなるべな。

でも、相手を傷つけないほうがいいわな

Q19

おばあちゃんは、何か努力していることなどはありますか？

A

この歳（95歳）になって
努力することなんてねぇよ。
自分の**体を動かすことで精一杯**

絶対に子どもを笑顔にさせる必殺技

ばあちゃんと玄孫の日々是好日⑬

絶対に怒らない優しいばあちゃんが激怒⁉

ばあちゃんと玄孫の日々是好日⑭

ばあちゃんと玄孫の日々是好日⑮

95歳と3歳をモニタリングしてみたら……

6

YouTube 名(迷)シーン＆珍事件

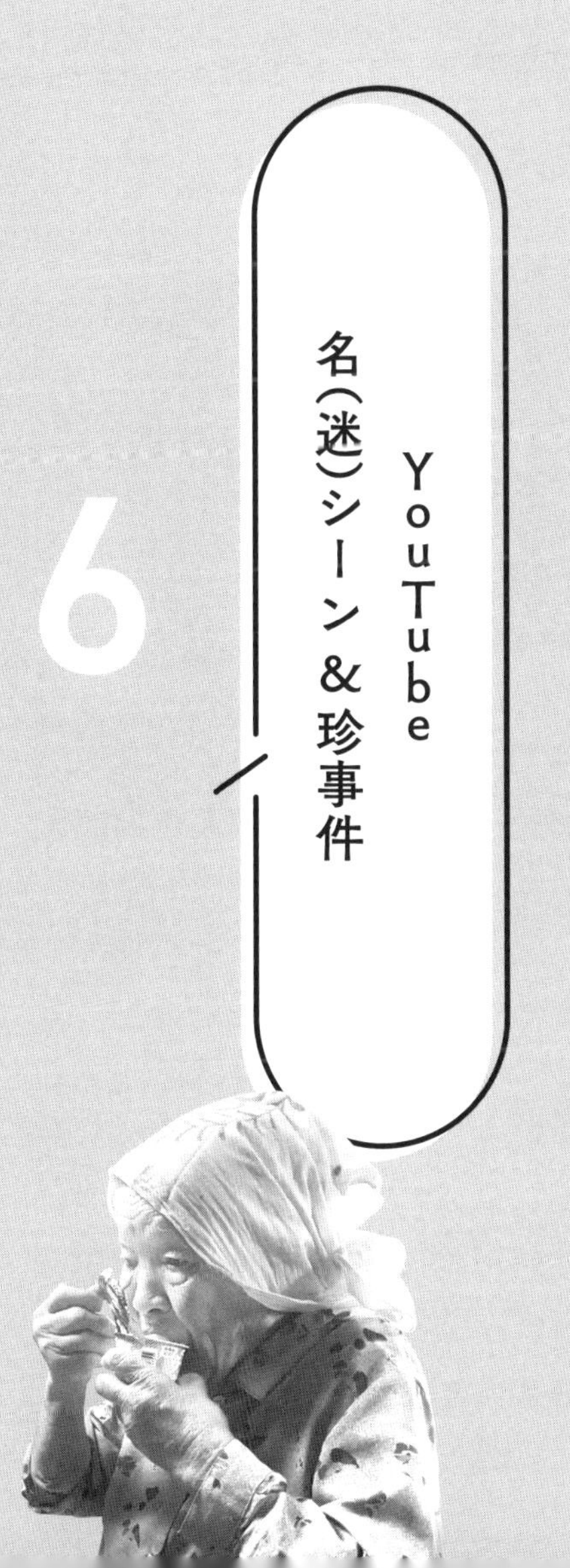

箱の開封を包丁で⁉

「田舎暮らしも素敵だっぺ？」より

ゆいさんの手作りマスクを、ばあちゃんと長女・せつこさんがつけている写真をコンテストに応募したところ入賞しました（傑作写真はぜひ動画で）。郵送されてきた賞品を「見てみるか」と言ったばあちゃんが取り出したのは、ハサミではなく包丁！　「危なすぎる」と苦笑するゆいさんを横目に、包丁で器用に箱を開けるばあちゃん。その後もばあちゃんのお転婆な様子が続々と暴露（⁉）されます。

ひ孫の新居を初訪問

「ひ孫の新居でくつろぐ93歳」より

ゆいさんの新居を公開。ばあちゃんの家の近くに建てたので、るかちゃん、れおくんもこれまで以上にばあちゃんに会いやすくなりました。そんな新居にばあちゃんが初訪問。玄孫に迎えられてルームツアー開始。あちこち扉を開けては最新システムやデザイン、きれいさに驚くばあちゃん。お風呂を見て、「お殿様のようだ」と笑みを浮かべます。興味津々のルームツアーはまだまだ続きます。

玄孫が仏様と会話!?

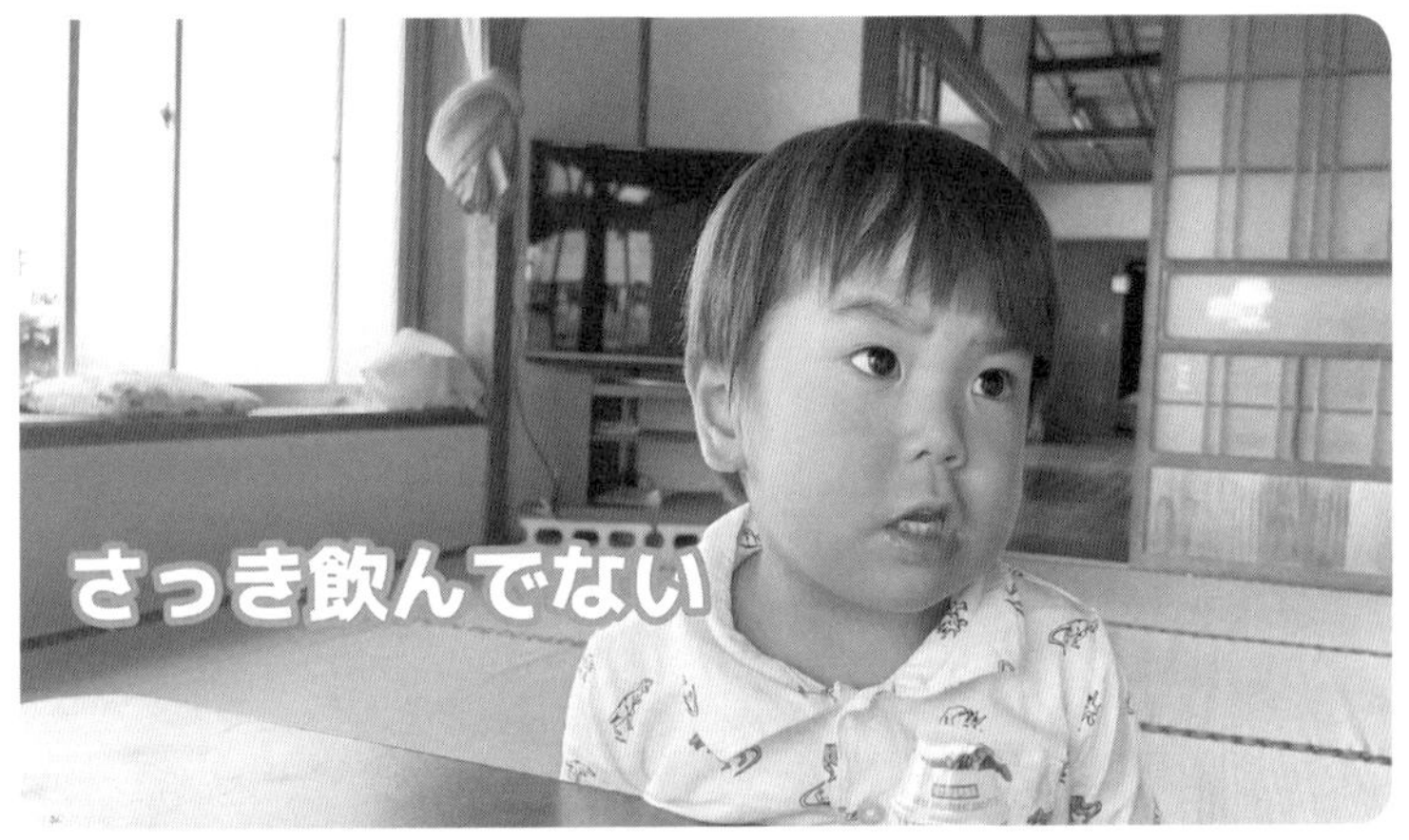

「【聞こえる】仏様と会話をする2歳の玄孫」より

れおくんの大嫌いなブロッコリーを小さく切って食べさせようとする母・ゆいさんと、その様子を見守るばあちゃん。続いて、大好きなヤクルトを飲んだれおくんが「美味しいよ」とばあちゃんに報告します。そのあと、なぜかヤクルトをまだ飲んでいないと主張するれおくん。ヤクルトを飲んだ犯人を探すため、れおくんは仏壇に話しかけて仏様から犯人を聞き出します!?

れおくんが料理を作りながら涙？

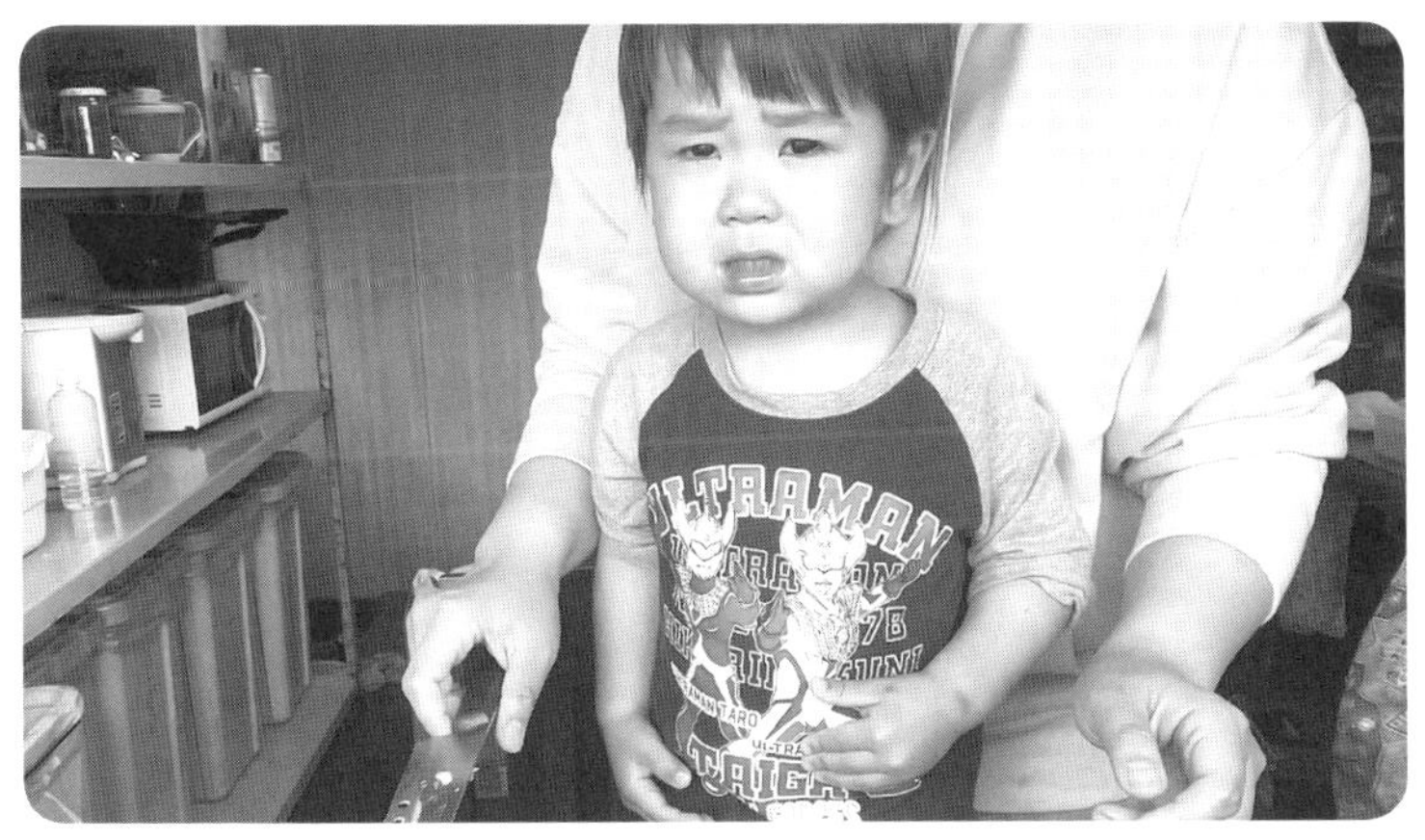

「【3世代】みんなで泣きながら作った今日のお昼ごはん」より

据え置きカメラの映像で始まる今回の動画。画面の外から「チーン」と音だけが聞こえます。ばあちゃんが四女のかずよさんにお線香をあげています。次に苗屋へ行き、帰ってくるとばあちゃんとゆいさんは昼食の支度を始めます。包丁を握ってお手伝いするれおくんの目から涙がぽろぽろ。その理由とは？　いつもとちょっと違った仕上がりの作品。生活音を楽しみながら見てください。

野菜が嫌いなれおくんVSばあちゃん

「【イヤイヤ期】魔の2歳児にもめげずにたたかう94歳」より

この日の昼食の献立は「シチュー、煮物、ブロッコリー、味噌汁、ごはん、いちご」です。美味しそうにできた料理を前にして、イヤイヤ期に突入したれおくんが波乱を巻き起こします。「ブロッコリーがきらい」と連呼するれおくん。「そっか、嫌いかぁ」とばあちゃん。90歳以上の年齢差の漫才？　コント？　のような掛け合いが見られます。後半のばあちゃんのもぐもぐタイムも必見です。

ひ孫と玄孫から誕生日サプライズ

「【神回】94歳の誕生日を盛大に祝ってみた」より

ばあちゃんの誕生日会を公開。例年は外食してお祝いをしていましたが、今年はゆいさんの新居が会場です。たくさんの料理と、たくさんのプレゼント。玄孫たちからも心のこもった贈り物が渡されます。最初から最後まで目頭が熱くなりっぱなしです。概要欄にはゆいさんとわたるさんからのお祝いメッセージも掲載されています。動画とあわせて、ご一読ください。

回転寿司に大満足

「【93歳】回転寿司にビックリ仰天!?」より

新調した補聴器を受け取りに行った帰り道、回転寿司屋で昼食をとることに。どうやらばあちゃん、回転寿司は初めてのご様子。立ち寄った回転寿司店は、注文したお寿司が模型電車で運ばれてくるシステムのようで、お寿司を届けてくれた電車の動きを見て、ばあちゃんはあっけにとられます。ひと呼吸置いて、「な〜ん（笑）、さっぱりよくわかんねえ」。でも、終始ご満悦のばあちゃんでした。

手が一番便利だっぺ

「94歳！４種類の天ぷら作り」より

この日の献立は、海老、さつまいも、れんこん、かき揚げの天ぷらとわかめの味噌汁、ごはん。天ぷらは、ばあちゃんの得意料理。わたるさん曰く、「サクッとした食感がたまらない、最高の手料理」という逸品です。ゆいさんと一緒に台所に立っていると、れおくんもお手伝いに参上。ばあちゃんは菜箸を使わずに、手際よく素手で天ぷら油に具材を投入していきます。ばあちゃん、熱くないの⁉

献立はあれだ、長年生きてると悩まねえ

「【料理】煮るなり焼くなり好きにして♪」より

おやつを食べる玄孫たちを見守る、ばあちゃん。会話がないシーンが続きますが、この何気ない生活のひとコマが見る人に自分のおばあちゃんを思い出させたりして、郷愁感を誘います。料理のシーンでは、ゆいさんが「どうやって献立は考えているの？」と質問。すると、ばあちゃんは「献立はあれだ、長年生きてると悩まねえ」と言って笑います。肩ひじ張らない、平和な一日が感じられる動画。

23歳よりも記憶力が勝る、ばあちゃん

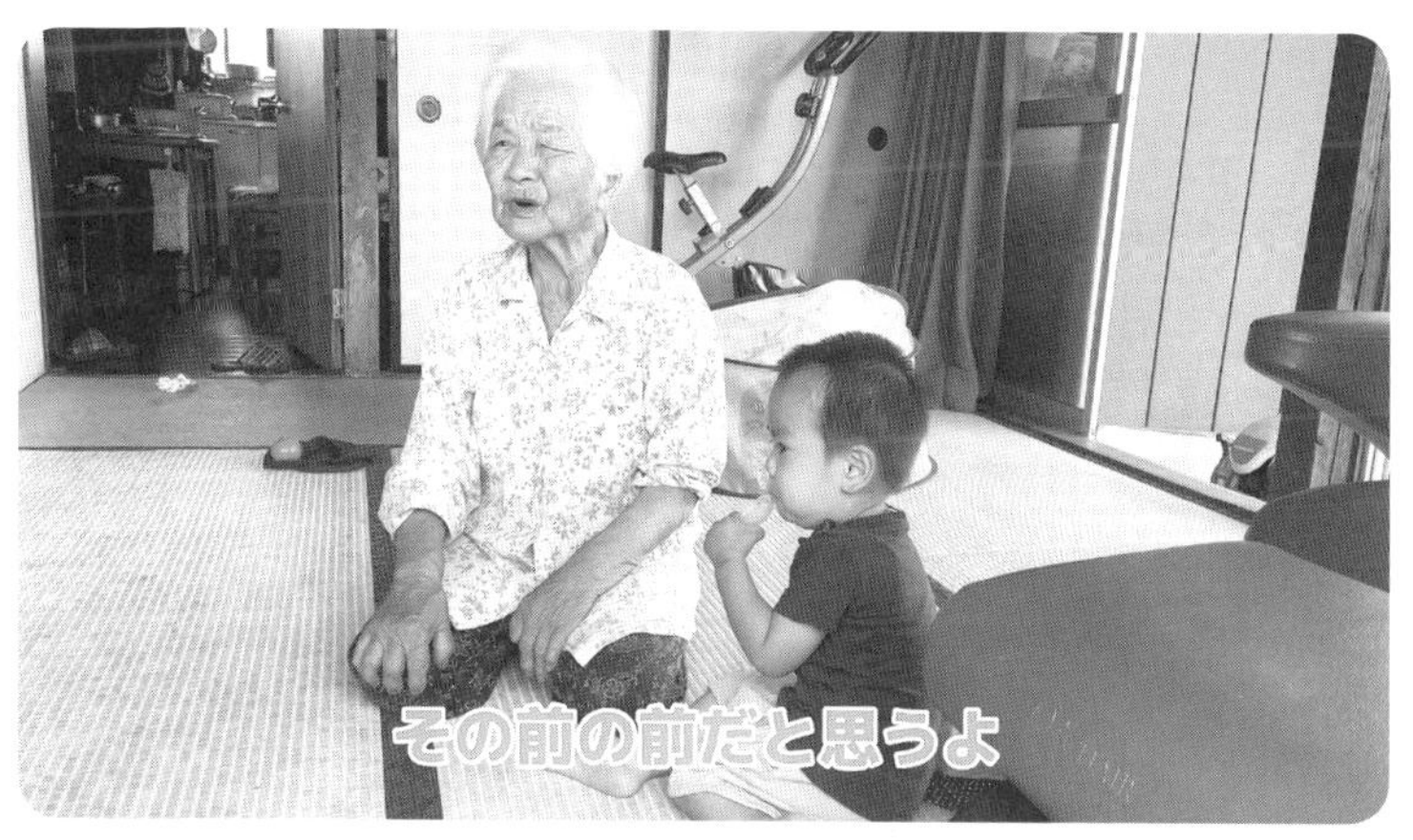

「【93歳】どんな時に幸せを感じる?」より

「今年は鳥獣被害で不作だ」と、畑のとうもろこしについて話しているところから動画は始まります。ゆいさんが「去年もそうだったね」と言うと、「去年は植えていない、前の前だ」と答えて、ここ最近は被害はなかったと見事な記憶力を披露。そのあと、視聴者の「どんなときに幸せを感じる?」という質問に、「玄孫と遊んでいるときが一番」と回答します。玄孫の成長が楽しみな、ばあちゃんでした。

おわりに

最強ばあちゃん・ちよ

YouTubeを始めて変わったこと。ひ孫のゆいに言われたことがあります。

「始めた頃より、ばあちゃんは若くなった」

最初は何をお世辞言ってんだぁって思っていましたが、視聴者の方からも同じようなコメントをもらうこともあり、びっくりです。

ただ、始めてみて私の心が明るくなったことは確かです。新しいことを体験する楽しみ、テレビに映る楽しみ、玄孫と遊ぶ楽しみ、みんなとおしゃべりする楽しみ、視聴者から感想をもらえる楽しみ。大好きな畑仕事以外にたくさんの楽しみができました。YouTubeのお陰です。楽しみが多いと、この歳でも心は弾みます。ありがたいことです。

2023年春、私はコロナにかかってしまいました。

年齢を考えると重症化するのではないかとみんなが心配してくれて、私自身も怖かったです。でも驚いたことに無症状で、熱もないし、喉の痛みや咳もない。誰かに感染することもなく回復しました。

どうして無症状だったのかと考えると、日頃から畑仕事で運動しているからとか、３食しっかり食べているからとか振り返るなかに、ゆいの「若くなっている」という言葉も浮かんできました。「気が若い」とはよく言います。「病は気から」とも言います。私の心（気）が明るくなったことと、コロナを乗り切ったことは無縁でない気がします。YouTubeを始めてよかったことのひとつです。ありがたいことです。

私の今の夢は１００歳まで生きること。

玄孫たちが物心つくまでは元気でいたいです。それまでは玄孫たちと遊びながら、見守っていくつもりです。

いつまで気を若くしていられるかわかりませんが、そのために一日一日を大事に暮らしたいと思います。

最後まで本を読んでいただき、ありがとうございます！

『最強ばあちゃんときどき玄孫』

ばあちゃんが93歳のときに始めたYouTubeの動画が知らず知らずのうちに大人気。いくつになっても元気に畑仕事や料理をこなす、ばあちゃんの日常と、ときどき顔を出す玄孫たちとのやりとりが好評を得て、登録者数が増加中。

YouTube

Instagram

TikTok

TikTok（るかれお）

最強ばあちゃん・ちよ

1928年12月27日生まれ。茨城県在住。趣味は畑、特技も畑。得意料理は天ぷらとコロッケ。畑仕事、料理も一人でこなす、子ども5人、孫7人、ひ孫5人、玄孫4人の5世代家族の最強ばあちゃん。

ひ孫・ゆい

1998年生まれ。茨城県在住。YouTube『最強ばあちゃんときどき玄孫』の運営を行う。最強ばあちゃんのひ孫。動画にときどき登場する玄孫のるかちゃん、れおくんの母。

95歳、最強ばあちゃんの「ありのまま」暮らし

著者　ちよ　ゆい

編集人　東田卓郎

発行人　倉次辰男

発行所　株式会社主婦と生活社
〒104-8357　東京都中央区京橋3-5-7
TEL　03-3563-5129（編集部）
　　　03-3563-5121（販売部）
　　　03-3563-5125（生産部）

製版所　東京カラーフォト・プロセス株式会社

印刷所　大日本印刷株式会社

製本所　株式会社若林製本工場

ISBN978-4-391-16159-5